青少年应该知道的 ★★★★★
宇宙百科知识

王 宇◎编著

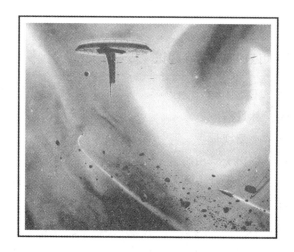

在未知领域 我们努力探索
在已知领域 我们重新发现

延边大学出版社

图书在版编目（CIP）数据

青少年应该知道的宇宙百科知识 / 王宇编著．
—延吉：延边大学出版社，2012.4（2021.1 重印）
ISBN 978-7-5634-3955-3

Ⅰ．①青… Ⅱ．①王… Ⅲ．①宇宙—青年读物
②宇宙—少年读物 Ⅳ．① P159-49

中国版本图书馆 CIP 数据核字 (2012) 第 051753 号

青少年应该知道的宇宙百科知识

————————————————————————————————

编　　　著：王　宇
责 任 编 辑：林景浩
封 面 设 计：映象视觉
出 版 发 行：延边大学出版社
社　　　址：吉林省延吉市公园路 977 号　　邮编：133002
网　　　址：http://www.ydcbs.com　　E-mail：ydcbs@ydcbs.com
电　　　话：0433-2732435　　传真：0433-2732434
发行部电话：0433-2732442　　传真：0433-2733056
印　　　刷：唐山新苑印务有限公司
开　　　本：16K　690×960 毫米
印　　　张：10 印张
字　　　数：120 千字
版　　　次：2012 年 4 月第 1 版
印　　　次：2021 年 1 月第 3 次印刷
书　　　号：ISBN 978-7-5634-3955-3

————————————————————————————————

定　　　价：29.80 元

前言 ●●●●●●
Foreword

　　我们每天都要吃喝拉撒睡，因为这是人类最基本的生理需求，这一系列的行为无疑都是在地球上或者说宇宙中完成的，那么当我们完成这一切最基本的需求时，是不是会对我们生存的这个空间感到好奇？抬头仰望星空，我们有时会感觉自己是如此的渺小，我们生活在一个自己想像不到究竟有多大的宇宙空间里，宇宙究竟是怎样的存在？我们就是在这样的感叹之中开始了寻找资料进而编著这样一本宇宙大观的书。

　　《尸子》有云："上下四方曰宇，往古来今曰宙。"意即宇宙是所有的空间和时间。我们了解到，现在的宇宙概念，除了时间和空间外，还包括物质和能量。科学家们甚至不敢告诉你，在宇宙中，会有两个你同时在不同的地方，没有错，物质内部结构复杂，它们是由原子构成的，任何物质都是如此，所以，一个原子可以同时位于两个不同的地方，那么，人也可以。科学家之所以不敢说出来，是因为他们对于原子可以在

不同的地方同时出现也非常茫然，曾经有人做过这样一个比喻：我们每呼吸一次，就能吸入一个曾被玛丽莲·梦露呼吸过的原子。这是因为原子非常小，填满一页纸的厚度需要至少 1000 万个原子，玛丽莲·梦露呼出的原子足以传遍整个大气层，所以我们每呼吸一次都会吸入一个由她或塞万提斯或某只恐龙曾经呼出的原子，听起来像是天方夜谭，但确实如此。

爱幻想是人类的通病，当然这个病并不是什么坏事，没有幻想，也许我们的文明就不会发展了，笔者甚至相信文明的循环性，当一个文明发展到极致时，它们会走向死亡，从而开始另外一段文明，一段由低到高的发展，以此不停的循环。很多人都相信外星人的存在，到目前为止还出现了很多假说：例如，外星人就生活在地球人类的中间的杂居说；有人认为外星人是人类的祖先。但是一切的一切都是未知数，只能说它们要生存，肯定会有和我们不一样的生存要求，因为什么样的环境造就什么样的生物。

古埃及托勒密王朝时期的有一句禅语：太阳神睁开双眼，埃及大地撒满阳光，当它闭上眼睛，埃及大地便又陷入黑暗，由此方有白昼和黑夜之分。诸神出于其口，像生出自其眼。万物莫不由它创造。它是金碧辉煌的神童，它的光芒使所有的生命都显得生气勃勃。这是一个关于人类起源的幻想。生命是如何诞生的，这的确是个人们非常关心的问题，却也是一个到现在我们都解释不清楚的问题，而且像这样的谜团还不止一个，这里还有很多谜团需要后来人去努力探讨清楚。

地球是宇宙中唯一一个生命的摇篮，是人类共同的家园，它为人类生存提供了必要的空间和资源，人类在这里一代又一代的繁衍生息，创造出了属于人类自己的文明和奇迹。我们要飞出地球迈向宇宙，首先要爱护好我们的家园，所以，请从小事做起，人人以身作则，保护好我们的家园。

 目录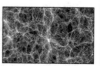

CONTENTS

第❶章

神秘的宇宙

第❷章

宇宙中的天体

第❸章

宇宙与人之——未解之谜

第❹章

宇宙之天文奇观

第❺章
宇宙间的自然景观

第❻章
宇宙八大行星之地球

神秘的宇宙

SHENMIDEYUZHOU

第一章

　　宇宙孕育了世间的万事万物，其中蕴藏了诞生、年龄等诸多的奥秘。人类也一直在探索，从宇宙如何的诞生，到宇宙的种种奇妙现象，不断地努力着，虽然人类到现在对宇宙依然有很多问题想不明白的地方，但是不能否认人类观测宇宙的工具越来越先进了，尤其是天文望远镜的出现，极大地促进了我们对宇宙的认识，让我们一起来认识宇宙，认识我们自身吧！

宇宙的诞生

Yu Zhou De Dan Sheng

我们生活在宇宙之内，这就使古今中外的人们不断的思考关于宇宙的问题，例如关于宇宙的起源问题，它有没有起源？如果有，它是怎样起源的？几千年来，随着人类的不断进步，人类观察宇宙的手段从肉眼发展到望远镜和人造卫星，视野从太阳系扩展到银河系和河外星系，对宇宙的认识则经历了蒙昧时期的神话，古代哲人的猜测，文艺复兴以来的科学革命，直到 20 世纪现代宇宙学的诞生，可以说人类对宇宙的探索与思考从未停止。

到目前为止，对于宇宙的诞生与起源问题的假说和理论已有40 多种，其说不一，但较有说服力和代表性的是大爆炸理论。这个理论的主要内容是：在约 200亿年前，原始宇宙是混沌不清的。这种混沌状态逐渐形成一块具有超密度的物质密集在"宇宙原点"的极小空间内，后来在一

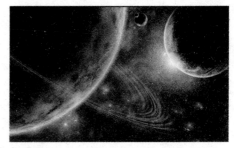

※ 宇宙

种力的作用下便产生了激烈的大爆炸，使所有物质向四面八方飞散而去。这一爆炸发生在约 200 亿年前，但宇宙整体膨胀过程至今还未停止，宇宙在继续膨胀。根据天文学家们的观测，很多恒星目前仍在向外移动。1929年美国天文学家哈勃发现银河系之外的河外星系普遍具有红移现象（星体向远方移去的现象）。这种理论与爱因斯坦在 1916 年发表的广义相对论相符。此外，粒子物理学试验得到的结论也支持了这种大爆炸理论。

现代宇宙大爆炸理论的发展过程是：勒梅特于 1932 年首次提出现代宇宙大爆炸理论，他指出：整个宇宙最初聚集在一个"原始原子"中，后来发生了大爆炸，碎片向四面八方散开，形成了我们的宇宙。此后美籍俄国天体物理学家伽莫夫第一次将广义相对论融入宇宙理论中，提出了热大爆炸宇宙学模型：宇宙开始于高温、高密度的原始物质，最初的温度超过几十亿度，随着温度的继续下降，宇宙开始膨胀。1965 年，彭齐亚斯和

威尔逊发现了宇宙背景辐射，后来他们证实宇宙背景辐射是宇宙大爆炸时留下的遗迹，从而为宇宙大爆炸理论提供了重要的依据。他们也因此获1978年诺贝尔物理学奖。霍金对于宇宙起源后10～43秒以来的宇宙演化图景作了清晰的阐释。可以说20世纪科学的智慧和毅力在霍金的身上得到了集中的体现。

大爆炸的整个过程根据大爆炸宇宙学的观点来看就是：宇宙在早期时温度是极高的，达到100亿℃以上。物质密度也相当大，整个宇宙体系达到平衡状态。宇宙间只有中子、质子、电子、光子和中微子等一些基本粒子形态的物质。但是因为整个体系在不断膨胀，致使温度很快下降。当温度降到10亿℃左右时，中子开始失去自由存在的条件，它的结局就是要么发生衰变，要么与质子结合成重氢、氦等元素。

事实上化学元素就是从这一时期开始形成的。当温度进一步下降到100万℃后，早期形成化学元素的过程结束。宇宙间的物质主要是质子、电子、光子和一些比较轻的原子核。当温度降到几千度时，辐射减退，宇宙间主要是气态物质，气体逐渐凝聚成气云，再进一步形成各种各样的恒星体系，今天看到的宇宙就这样形成了。

我们可以看到，"大爆炸宇宙学"与现今的各种宇宙模型相比，是一种比较成功的假说，它能说明较多的观测事实。微波背景辐射，是大爆炸理论预言的宇宙早期留下来的热辐射，许多星体中25%左右氦丰度，说明早期宇宙温度很高，产生氦的效率也很高。当然，大爆炸宇宙模型仍未被最终证实，它也遇到了一些困难，如星系的形成，从膨胀着的原始物质云如何凝聚成各级天体等，一直是它未解决的难题。从总体来说，大爆炸宇宙论的证据还不是很足，对宇宙的探索也仍然需要我们继续努力。

▶ 知 识 窗

1. 宇宙飞船中的饮用水是利用氢氧燃料电池制出的。
2. 引起煤矿矿井发生爆炸的气体主要是甲烷。
3. 下雷雨时可以增加土壤中的氮肥。

拓展思考

1. 宇宙是怎样形成的？
2. 宇宙会不会消亡？

宇宙的年龄

Yu Zhou De Nian Ling

现在我们知道，可观测宇宙的结构大致是这样的：人类生活在一颗小小的行星——地球上，它围绕着一颗普通的恒星——太阳运转。太阳和其他许多恒星一起构成一个庞大的恒星系统——银河系。目前，人类观测到的类似于银河系这样的星系已有上百亿个。星系光谱线的红移，向我们透露了整个可观测宇宙正在膨胀的信息。就像每样东西都有年龄一样，宇宙中每个星球都是有年龄的。例如，人类居住的家园——地球的年龄为 46 亿岁，宇宙也有年龄，那么宇宙的年龄有多大呢？这是一个困惑人们很久的问题。

※ 教学工具地球仪

要知道宇宙的年龄首先我们要解决可观测宇宙为什么会如此循序的膨胀的问题？还有这种膨胀又是从什么时候开始的呢？1927 年，比利时天文学家勒梅特首先做出这样的猜想：把包含我们宇宙中全部物质的那个原始天体称为"原始原子"。而"原始原子"是不稳定的，它在一场无与伦比的爆炸中爆炸了，爆炸形成的无数碎片后成了千千万万个星系。这些星系至今还在继续向四面八方飞散开去。因此，宇宙的膨胀，星系彼此匆匆分离，都是"原始原子"爆发的直接结果。

1948 年，美国物理学家盖莫夫等人发表了这种想法。他们计算了宇宙爆炸之初的温度；计算了随着宇宙的膨胀，温度下降的速度；计算出有多少能量转化成了各种基本粒子，以后又怎样变成了各种原子等等。后来人们把最初那次难以想象的爆炸称为"大爆炸"，这种宇宙起源学说则被称为"大爆炸宇宙论"。从宇宙膨胀的情况推算，大爆炸约发生在 150 亿年前。

如果仅仅从大爆炸的那一刹那算起，认为从宇宙诞生那一刻开始计算，可以推算出宇宙的年龄是大约 150 亿岁，并且在不断地膨胀。但是，有没有足够的证据表明，宇宙膨胀的速度始终保持不变呢？事实上没有。今天它的膨胀速度可能比很久以前慢了许多，那样的话，宇宙的年龄就会比 150 年小许多。不过，要确定宇宙膨胀是怎样减慢下来的，却又是一道难题。再说，有些老年恒星似乎已经有 100 多亿岁了，宇宙的年龄肯定比它们大。也许，宇宙的膨胀并没有放慢速度？从"大爆炸"那一瞬间算起，宇宙的年龄真的就是 150 亿岁？当然一切都还是假设，没有确切的答案。

随着现代天文工具和天文学的发展，现在研究人员的研究方法越来越科学，目前最新使用一种精确方法测量了宇宙的体积大小和年龄，以及它如何快速膨胀。这项测量证实了"哈勃常数"的实用性，它指示出了宇宙的体积大小，根据测算宇宙的年龄约为 137.5 亿年。

研究小组使用一种叫做引力透镜的技术测量了从明亮活动星系释放的光线沿着不同路径传播至地球的距离，通过理解每条路径的传播时间和有效速度，研究人员推断出星系的距离，同时可分析出它们膨胀扩张至宇宙范围的详细情况。

引力透镜有效的回避了科学家经常很难识别宇宙中遥远星系释放的明亮光源和近距离昏暗光源之间的差异的问题，能够提供远方光线传播的多样化线索。这些测量信息使研究人员可以测定宇宙的体积大小，并且天体物理学家可以用"哈勃常数"进行表达。KIPAC 研究员菲尔·马歇尔说："长期以来我们知道透镜能够对'哈勃常数'进行物理性测量。"而引力透镜实现了非常精确的测量结果，它可以作为一种长期确定的工具提供"哈勃常数"均等化精确测量，比如：观测超新星和宇宙微波背景。他还指出：目前而言，引力透镜可作为天体物理学家测定宇宙的年龄的一种最佳测量工具。

总体来说测量宇宙年龄的方法有三种：

1. 同位素年代法。这是利用放射性同位素发生的自然衰变，由衰变减少的情况推测母体同位素的生成年龄。放射性同位素只有在特别激烈的环境中才能生成，所以一旦被禁闭在岩石中就只有衰变了。测定母体同位素与子体同位素之间的量比，测定具有两种以上不同衰变率的同位系的量比，就可以决定年代，由此推算宇宙的年龄。这种方法已广泛运用于测定月岩和陨石的年代。

2. 逆推算宇宙膨胀的过程，根据宇宙的膨胀速度（即哈勃系数和减速因子），计算从密度达到极限的宇宙初期到扩展为如今这种程度究竟需要多少时间，即为宇宙年龄。

3．根据恒星演化的情况求恒星的年龄。通过理论推导恒星内部的核聚变反应，就可以知道恒星这个天然的原子反应堆的结构和它的发热率是怎样随时间变化的。将观测和理论相核对，就可求出恒星和星团的年龄。再由最古老的恒星年龄推算宇宙年龄。

▶ 知 识 窗

　　1．整个银河系约有 2000 亿颗恒星。
　　2．科学家根据银河系内恒星的年龄大小不同，将它们分成两大星族：星族 I 与星族 II。

| 拓展思考 |

　　1．星族 I 与星族 II 的区别是什么？
　　2．你知道宇宙有多大吗？

青少年应该知道的宇宙百科知识

宇宙的构成
Yu Zhou De Gou Cheng

所谓宇宙是指由空间、时间、物质和能量所构成的统一体，是一切空间和时间的综合。一般意义上的宇宙指我们所存在的一个时空连续系统，包括其间的所有物质、能量和事件。

我国古书上有云："上下四方曰宇，往古来今曰宙"（《尸子》）。大家都知道汉语言文化的博大精深，在这里，我们的古人将"宇"解释为代表上下四方，即所有的空间，"宙"解释为代表古往今来，即所有的时间，"宇"：无限空间，"宙"：无限时间。所以"宇宙"这个词有"所有的时间和空间"的意思。把"宇宙"的概念与时间和空间联系在一起，体现了我国古代人民的独特智慧。"时间"是一个抽象概念，其内涵是无尽永前，其外延是一切事件过程长短的度量。《宇宙哲学》将宇宙解释为："空间""无尽""永前""永在""无界"。"空间"是一个抽象概念，其内涵是无界永在，其外延是一切物件占位大小的度量；"无尽"指没有起点和终点，"永前"指时间的增量总是正数；"永在"指永远追随着向前的时间；"无界"指空间中的任一点都是任意方位的出发点。

◎宇宙的组成和结构

（1）恒星和星云。朗朗夜空之时，我们用肉眼可以看到许多闪闪发光的星星，它们绝大多数是恒星，恒星就是像太阳一样本身能发光发热的星球。恒星常常爱好"群居"，有许多是"成双成对"地紧密靠在一起的，按照一定的规律互相绕转着，这称为双星。还有一些是3颗、4颗或更多颗恒星聚在一起，称为聚星。假如是十颗以上，甚至成千上万颗星聚在一起，形成一团星，这就是星团。例如银河系里就发现1000多个这样的星团。

（2）行星。行星是宇宙的基本组成部分。其中太阳系一共有8颗大行星：水星、金星、地球、火星、木星、土星、天王星和海王星。除了大行星以外，还有60多颗卫星、为数众多的小行星、难以计数的彗星和流星体等。我们居住的地球就是太阳系的一颗大行星。

（3）银河系及河外星系。银河系是太阳系所在的恒星系统，包括1200亿颗恒星和大量的星团、星云，还有各种类型的星际气体和星际尘埃。河外星系，简称为星系，是位于银河系之外、由几十亿至几千亿颗恒星、星云和星际物质组成的天体系统。随着测距能力的逐步提高，人们逐渐在越来越大的尺度上对宇宙的结构建立了立体的观念。

（4）星系。如果我们把观测的尺度再放大，我们可以把宇宙看成由大量星系构成的"介质"，而恒星只是星系内部细致结构的表现。那么，为了了解宇宙结构，还需关心星系在空间的分布规律。

（5）大尺度结构。今天人们把10兆秒差距以上的结构称为宇宙的大尺度结构（目前观测到的宇宙的大小是104兆秒差距）。至今大尺度上的观测依然不是十分明确。有趣的是，有迹象表明，星系在大尺度上的分布呈泡沫状。即有许多看不到星系的"空洞"区，而星系聚集在空洞的壁上，呈纤维状或片状结构。这一层次的结构叫超星系团。它的典型尺度为几十兆秒差距。总之，若把星系看成宇宙物质的基本单元，那么星系的分布状况就是宇宙结构的表现。现在看来，直至50兆秒差距的尺度为止，星系的分布呈现有层次的结构。

宇宙大到我们难以想象，不过宇宙的化学元素却是极其有限的，天然存在的元素有92种，加上极少量的人造元素，也不过100多种。在地球的地壳中，按重量来说，氧几乎占了各种元素的一半，达49.13%，为含量最丰富的元素；硅占26%，排第二位；铝占7.45%，排第三位；然后是铁、钙、钠、钾、镁等，氢元素只占1%。而其他八十多种元素总共不到2%。不过在宇宙中，质量最轻的氢才是最丰富的元素，按原子数目来说，它占了将近93%。在地壳中含量很少的氦，是宇宙中的第二"大户"。按原子数量来说，占了将近7%。氢和氦几乎垄断了整个宇宙的全部天地。从锂到铀90种元素只占有剩下的那微不足道的一点份额。那些最重的元素，按原子数目来说，只占0.01%，简直可以忽略不计了！所以，宇宙间的万事万物都是极其神奇的，总之，这个大大的宇宙还有无数的秘密等着我们去了解呢。

▶知 识 窗

1. 衬衣领口因汗迹而产生的黄斑的主要成分是蛋白质。
2. 铁在人体血液输送过程中起着交换氧的重要作用，它的存在形态应是铁离子。
3. 酸雨的形成主要是由于工业大量燃烧含硫燃料。

| 拓展思考 |

1. 太空为什么是黑的？
2. 太空到底有没有尽头？

不可思议的宇宙

Bu Ke Si Yi De Yu Zhou

组成人类、地球、行星和恒星的物质只占宇宙质量的 4％。我们了解的物质仅占宇宙质量的一半。23％的宇宙由看不见的暗物质组成。我们知道暗物质的存在是因为它的引力可以拉伸恒星。还有 73％的宇宙是由暗能量组成。暗能量于 1998 年被发现。这种物质充斥着整个宇宙，并具有排斥力。科学家称宇宙的未来取决于以下三个参数：（1）H，即哈勃常数，是宇宙膨胀的速率；（2）Ω，宇宙物质的平均密度；（3）λ，与真空的空间有关的能量，即暗能量。说到底宇宙的一切都让人类感到无力，宇宙中有太多的不可思议。

太阳中心的温度很高，超过 1500 万℃。这种高温下，不夸张的说任何物质都会变成等离子状态。这种高温取决于太阳中心质量很大。这样一来简单的说就是太阳由什么物质组成并不重要。同等质量的任何物质聚集在一起都会达到这种温度。如果我们把数以百万亿计的鞋子或者香蕉等集中到一个地方，也将会获得与太阳类似的温度。也就是说宇宙即使是鞋子或者香蕉或者其他东西做的，也依然会热，并且达到很高的温度。

在 21 世纪之前，宇宙中有什么物质是一个非常令人费解的问题。以

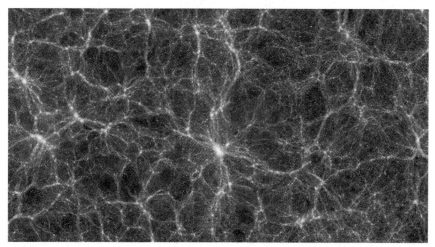

※ 图中描绘的一片宽约 16 亿光年的宇宙区域中物质的分布状况

前的人们只知道宇宙中有太阳、月亮、星星、像银河系一样的星系以及由许多星系组成的星系团。实际上，这些看得见的天体在辽阔的宇宙中只占极小一部分，宇宙中大部分物质是看不见的。这些看不见的物质是什么？20世纪90年代中期才有人提出，这是一种叫做"冷的暗物质"的奇异物质，这种看不见的物质构成了90%（事实上我们也不知道这个数字的准确程度）的宇宙。恒星、行星、人类以及原子、分子等正常物质只占剩余的小部分。孤立地看，这种观点似乎很对，但考虑一下恒星和星系为什么旋转得这么快，问题就来了。例如：银河系每2亿年就要旋转一次。这样巨大的旋转速度虽不会使人感到头晕目眩，但它有足够的力量把整个银河系撕裂开来。

银河系是靠物质引力维系在一起的，仔细分析，维系银河系的物质引力太弱，不能"勒住"高速旋转的银河系这匹"野马"，除非有很多看不见的暗物质在暗地里施加一个额外的力把银河系成员"勒"在一起。星系团里的星系总是在快速旋转，那么是什么力量使整个星系团内的星系维系在一起呢？或许正是这众多的暗物质！

太阳的密度非常大，这使其内部核爆炸产生的光很难释放出来。如果畅行无阻，光可以在数秒内抵达地球，但这个极其复杂的过程需要3万年。换句话说，我们现在接收的光是最后一次冰川时期生成的，也就是说我们现在看到的日光有3万年历史。

研究人员告诉我们，原子是物质的基本组成部分，在物质的内部有着不可思议的空间。与太阳系类似，在原子内部，电子围绕一个极小的原子核运动。这意味着如果我们把全世界所有原子内部的空间进行压缩，全人类将只有一块方糖大小。因为我们99.9%是空的，所有人类都可以装进一块方糖，这是多么的不可思议。

还有更不思议的呢，一个原子可以同时位于两个不同的地方，这就是说你可以同时出现在马德里和巴塞罗那。不要惊讶，这是事实，在实验室中甚至可以观察到一个原子同时位于两个地方，或者至少可以观测到其后果。

目前世界上有一种专业专门开发原子的这种能力。而且说不定宇宙之外存在无限数量的你的复制品正在阅读无限数量的同一篇文章。

根据量子论标准模型合成的宇宙标准模型，可能存在于我们的宇宙平行的无限数量的宇宙。可能会有某种理论证明我们现在对宇宙的认识和量子论是错误的，而在平行宇宙中也可能存在无限数量的我们的复制品，到目前为止谁也解释不清楚。要解开不可思议的宇宙之谜，还需要我们的不断努力探索。

▶ 知 识 窗

   1. 由于热水会使汗渍中蛋白质凝固，变成不溶性物质，所以衬衣一般不宜用热水洗。

   2. 花生霉变易产生黄曲霉素。

   3. 活性炭可以去除家用冰箱中臭味。

| 拓展思考 |

   1. 太阳看上去明明要比星星大很多，为什么有人说它跟星星差不多大呢？

   2. 如果地球靠太阳太近，会发生什么事？

微波背景辐射

Wei Bo Bei Jing Fu She

虽然人们自古以来就对天文宇宙充满了好奇，但是 19 世纪以前，由于知识水平和工具水平的限制，在人们的认知里，从天上来到人间的唯一信息是天体发出的可见光，从来没有人想到，天体还会送来眼睛看不见的"光"——可见光波段以外的电磁波。不过，到了 20 世纪 60 年代，人们已经开始通过大型无线电接收天线（射电望远镜）对宇宙天体发出的电磁波进行观测。由此人们发现了微波背景辐射。微波背景辐射（3K 背景辐射）是宇宙中"最古老的光"，它是大爆炸的遗迹，穿越了漫长的时间与空间后成为了微波，充盈在整个宇宙空间里。在宇宙中，微波背景辐射是均匀的，来自各个方向都一样，因此就好像是宇宙的"背景"，因此又称"宇宙背景辐射"。

微波背景辐射有两个基本特征：一是具有黑体辐射谱，这是微波背景辐射的最重要特征，在 0.3～75 厘米波段，可以在地面上直接测到；在大于 100 厘米的射电波段，银河系本身的超高频辐射掩盖了来自河外空间的辐射，因而不能直接测到；在小于 0.3 厘米波段，由于地球大气辐射的干扰，要依靠气球、

※ 伽马射线爆发

火箭或卫星等空间探测手段才能测到。从 0.054 厘米直到数十厘米波段内的测量表明，背景辐射是温度近于 2.7K 的黑体辐射，习惯称为 3K 背景辐射。黑体谱现象表明，微波背景辐射是极大的时空范围内的事件。因为只有通过辐射与物质之间的相互作用，才能形成黑体谱。由于现今宇宙空间的物质密度极低，辐射与物质的相互作用极小，所以，我们今天观测到的黑体谱必定起源于很久以前。微波背景辐射应具有比遥远星系和射电源所能提供的更为古老的信息。

微波背景辐射的另一特征是具有极高度的各向同性。这个特征包含两方面的含义：

(1) 小尺度上的各向同性：在小到几十弧分的范围内，辐射强度的起伏小于 0.2%～0.3%；

(2) 大尺度上的各向同性：沿天球各个不同方向，辐射强度的涨落小于 0.3%。

各向同性说明，在各个不同方向上，在各个相距非常遥远的天区之间，应当存在过相互联系。除微波波段外，在从射电到 γ 射线辐射的各个波长上，大都进行过背景辐射探测，结果是微波波段的辐射最强，其强度超过其他所有波段的背景辐射的总和。

早在 40 年代，伽莫夫、阿尔菲和海尔曼根据当时已知的氦丰度和哈勃常数等资料，发展了热大爆炸学说，并预言宇宙间充满具有黑体谱的残余辐射，其温度约为几 K 或几十 K。宇宙微波背景辐射的实测结果与理论预期大体相符。微波背景辐射被认为是 20 世纪天文学的一项重大发现成就。它对现代宇宙学所产生的深远影响，可以与河外星系的红移的发现相比拟。当前，流行的看法认为背景辐射起源于热宇宙的早期。这是对大爆炸宇宙学强有力的支持。此外，还有用其他模型或机制来解释微波背景辐射的宇宙学说。

▶ 知 识 窗

1. 冬天，为了防止皮肤干裂，可以配制一定浓度丙三醇水溶解来擦手。
2. 水银温度计中的"水银"是汞。
3. 食醋的主要成分是乙酸。

|| 拓展思考 ||

1. 为什么太阳系里各行星年的时间不一样？
2. 我们如何知道太阳的质量？

外星人是否存在

Wai Xing Ren Shi Fou Cun Zai

外星人是人类对地球以外智慧生物的统称，古今中外一直有关于"外星人"的假想，在各国史书中也有不少疑似"外星人"的奇异记载，但现今人类还无法确定是否有外星生命，更不用说是"外星人"的存在。下面介绍一些关于"外星人"的假说。

※ 外星人保罗象

地下文明说

在一些科幻电影里，你会发现会有这样的描述：地球上是人类进化的天堂，但是在地球内部却存在另一个由进化后的昆虫统治的文明世界，最终地下的昆虫为了地上的生存权与人类开始了战争。地球是太阳系中密度最大的星体，如果内部真的有个巨大的空洞，地球的质量绝不可能达到这个数字。更何况地球拥有很强的磁场，行星强磁场（恒星磁场产生机理和行星不同）意味着具有一个巨大的铁质核心，这就彻底排除了地心空洞的可能。这个理论的荒诞之处在于地球根本不是空心的。所以有关地球空洞的说法全部都是虚假消息。

杂居说

持这种观点的人认为，外星人就在我们中间生活、工作。据说研究者们用一种令人好奇的新式辐射照相机拍摄的一些照片，发现有一些人的头周围被一种淡绿色晕圈环绕，可能是由他们大脑发出的射线造成的。然而，当试图查询带晕圈的人时，却发现这些人完全消失了，甚至找不到他们曾经存在的迹象。外星人就藏在我们中间，而我们却不知道他们将要做什么，但没有证据表明外星人会伤害我们。这个理论就如同信徒无法证明神的存在一样，把所有需要证明的部分都推给了不可证明的原因。许多科幻电影里甚至描述到外星人和地球人建立这样那样坚固的友情或是爱情。

人类始祖说

地球上存在着在当时的生产水平下无法达到的杰作，这些存在物似乎证明了人类文明要么是一个轮回的过程，要么就只能是外星高等生物在地球上留下了他们的杰作。这一假说称大约在几万年以前，一批有着高度智慧和科技知识的外星人来到地球，他们发现地球的环境十分适宜其居住，但是，由于他们没有带够充足的设施来应付地球的地

※ ET 剧照

心吸引力，所以便改变初衷，决定创造一种新的人种——由外星人跟地球猿人结合而产生的。他们以雌性猿人作为对象，设法使她们受孕，结果便产生了今天的人类。也就是说他们认为人类的祖先就是外星人。

四维空间说

有些人认为，UFO（不明飞行物）来自于第四维。那种尤如幽灵在消失时是一瞬间的事，而且人造卫星电子跟踪系统网络在开机时根本就盯不住，可以认为，UFO 利用时空瞬间穿行于各个它能存在的空间。

平行世界说

我们所看到的宇宙不可能形成于四维宇宙范围内，也就是说，我们周围的世界不只是在长、宽、高、时间

※ 外星人设计图

这几维空间中形成的。宇宙可能是由上下毗邻的两个世界构成的，它们之

间的联系虽然很小，却几乎是相互透明的，这两个物质世界通常是相互影响很小的"形影"状世界。在这两个叠层式世界形成时，将它们"复合"为一体时相互作用力极大，各种物质高度混杂在一起，进而形成统一的世界。后来，宇宙发生膨胀，这时，物质密度下降，引力衰减，从而形成两个实际上互为独立的世界。换言之，完全可能在同一时空内存在一个与我们毗邻的隐形平行世界，确切地说，它可能同我们的世界相像，也可能同我们的世界截然不同。可能物理、化学定律相同，但现实条件却不同。这两个世界早在200～150亿年前就"各霸一方"了。因此，飞碟有可能就是从另一个世界来的。可能是在某种特殊条件下偶然闯入的，更有可能是他们早已经掌握了在两个世界中旅行的知识，并经常来往于两个世界之间，他们的科技水平远远超出我们人类之上。

未来生命说

穿越一词可能大家都不陌生，有些科学家认为，现在所谓的外星人，即为人类世界的未来人。有数据表明：人类在近百年来进化程度比原始时期更加迅速。我们也不能否认，也许当人类进化到几亿年以后，就成为今天所说的外星人的模样，并且掌握了穿越时空的技术，来到现在的人类世界。

我们不知道外星人是否存在，但是我们知道，每个生物体的存在都要适应它所在的环境，一个特定行星的状态在很大程度上决定了生命体的形貌及特性。所以，若存在外星生命的话，它们或许跟我们想象中的模样完全不同。

▶ **知识窗**

1. 通常所说的"白色污染"是指塑料垃圾。
2. 草木灰是一种重要的农家肥，它主要含有 K_2CO_3。
3. 为了除去糖浆中的色素制得白糖，常加入活性炭，这是因为它能吸附色素。

拓展思考

1. 月亮是怎么形成的？
2. 为什么有时候在白天，我们会突然看不见太阳？

我国古人对宇宙的认识

Wo Guo Gu Ren Dui Yu Zhou De Ren Shi

中国古代关于宇宙起源的学说在世界古代史上是最具有特色的。在我国古代没有独立的宗教，没有系统的神话，也没有完整的创世神话，但是实际上古代关于宇宙起源的创世学说则是完全存在的，这就是中国古代宇宙起源"星云说"。

关于宇宙的起源，古今中外可以概括为神造说和宇宙基本物质构成说。关于神造说，我国古代有伏羲女娲开辟宇宙说，有盘古开天辟地说，有"巨灵"造混沌及天地说，有太一神制气定神位的创世说，有把"天"视为人格神的创造世界万物说，等等。"神造说"认为宇宙在混沌星云的变化中有一种神秘的主宰力量，宇宙天地万物是在外因的

※ 伏羲女娲像

作用下而形成的。与之不同的"宇宙基本物质构成说"，也就是宇宙星云自然生成说，此说认为宇宙是混沌星云自然变化而成，是自然界在内因的作用下而自然变化的结果。表面看来，两种说法似有不同，但它们所说宇宙生成的过程和结果是相同的，都可以归结为宇宙起源"星云说"。

儒家在谈到宇宙起源时，提出了"太一"或作"大一""泰一""太极""太初"等概念，表面上看来这些概念似乎是宇宙产生的本源，但实际上这些名词仍是宇宙产生之前天地未分而混为一体的代名词而已。

公元前4世纪，思想家慎到（尊称慎子，战国时期法家创始人之一）提出：天，不是半球形的，而像弹丸一样，是整球形的。不过，他没有谈

到地的形状。最早猜测大地为圆形的，是和慎到差不多同时的惠施。惠施曾认为：球形的大地，体积虽然有限，但一直朝南走，可以周而复始，无穷无尽。惠施不仅认为地是球形的，天也是球形的。

受这种思想的影响，在汉武帝时，四川有位名叫洛下闳的民间天文学家，制作了一个圆球形状的浑天仪，用来演示天象。洛下闳的浑天仪尽管还很简单，但它却是目前已知的最早的浑天仪。据说，浑天仪刚做好的时候，许多人都不相信它能有什么用处，然而，当洛下闳把浑天仪放在地下室里演示的时候，人们都惊奇地发现，这浑天仪上标示的星宿，与实际天象相吻合。于是，洛下闳名声大振，浑天仪也广为人知。

张衡不仅在理论上对浑天说作了系统的说明，还在前人经验的基础上，制作了"水运浑天仪"，来形象地表述他的浑天思想。

除了"浑天说"，在中国古代比较有影响的就是"盖天说"。据《晋书·天文志》记载："其言天似盖笠，地法复盘，天地各中高外下。北极之下为天地之中，其地最高，而滂沲四，三光隐映，以为昼夜。天中高于外衡冬至日之所在六万里。北极下地高于外衡下地亦六万里，外衡高于北极下地二万里。天地隆高相从，日去地恒八万里。"但是盖天说通常把日月星辰的出没解释为它们运行时远近距离变化所致，离远了就看不见，离近了就看见它们照耀。这种解释比较牵强。盖天说被越来越多的天文观测事实所否定。西汉的扬雄提出了"难盖天八事"，否定了盖天说。

老庄学派在谈宇宙起源"星云说"时又加上了一个"道"，但这个"道"也并非造物主神，而是老子本人也说不清道不明的自然运行规律，《老子》上篇25章云："有物混成，先天地生。寂兮寥兮！独立不改，周行而不殆，可以为天下母。吾不知其名，字之曰道，强为之名曰大。"虽然老子道不明宇宙的含义，但是可以看得出是从客观的认识出发的。后来的庄子和韩非子都对老子所说的天地及万事万物产生于"道"的观点进行过解释。

古人对宇宙的认识有很多，而且基本都与哲学相联系，单单从客观的唯物主义出发的并不多。唐朝时期的柳宗元是从唯物主义思考天文和宇宙的古人之一，他的宇宙学说重点是说明宇宙天体的起源、运行和变化，其中也有宇宙无限的思想。他把宇宙天体的起始，立于元气之上，只有元气才是唯一的存在，没有什么造物者。他认为"彼而上玄者，世谓之天；一下而黄者，世谓之地；浑然而中处者，世谓之元气。"柳宗元主要是通过说明宇宙天体起源于运动着的元气，否定超自然的造物主，同时他批判神学论。

早在四五千年以前，我国历史进入有文字记载的初期，我们的祖先已

青少年应该知道的宇宙百科知识

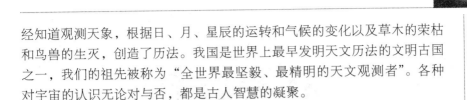

经知道观测天象，根据日、月、星辰的运转和气候的变化以及草木的荣枯和鸟兽的生灭，创造了历法。我国是世界上最早发明天文历法的文明古国之一，我们的祖先被称为"全世界最坚毅、最精明的天文观测者"。各种对宇宙的认识无论对与否，都是古人智慧的凝聚。

▶知识窗

1. 健康的四大基石是：适量运动、合理膳食、戒烟限酒、心理平衡。

2. 轻度中暑时，应立即撤离高温环境到通风阴凉处休息、饮糖盐水及清凉饮料，也可内服人丹，并应迅速为其进行物理降温，严重中暑者要立即送医院抢救。

| 拓展思考 |

1. 听说月球上没有生命，但如果宇航员登上月球时，可能也把生物带到月球上了，这样说对吗？

2. 月球上有没有白天和黑夜？它为什么总是同一面朝向地球？

人类对宇宙的探索

Ren Lei Dui Yu Zhou De Tan Suo

西方航天学界认为，中国明朝人万户为人类第一个尝试用火箭飞天的人，并将月球上一座环形山命名为"万户"，以表纪念。自人类诞生以来，就有了飞翔的梦想。没人知道这个梦是如何开始的，但是可以确定充斥着飞天神话的人类幼年记忆，代代相传到了今天。在双脚还只能停留在大地上的时候，想象已经达到了一个人类自己也不知道有多高、多远的地方。那是人类对太空最初的思考与渴望。人类飞向太空的梦想，有文字记载的至少有数千年。古代中国就有"嫦娥奔月"、敦煌莫高窟"飞天"图案等美丽的传说。

通过前面我们已经了解到，人们关于宇宙科学概念空间的形成是在进入 20 世纪以后，这一时期世界各国活跃着一大批航天先驱。1903 年，是人类飞天史上的一个里程碑。那一年，莱特兄弟驾驶着他们在自行车修理车间里制造的第一架飞机"飞行者 1 号"，实现了人类历史上第一次成功

※ 嫦娥一号发射

的空中飞行。

依然是在 1903 这一年，双耳失聪的俄国科学家齐奥尔科夫斯基在论文中提出了著名的"火箭公式"，论证了用火箭发射航天器的可行性。他指出：最理想的推进剂不是火药，而是液体燃料。单级火箭在当时达不到宇宙速度，必须用多级火箭接力的办法才能进入宇宙空间。正是凭着这位"航天之父"的天才构想，一扇通往太空的科学之门打开了。1957 年 10 月，在哈萨克的大荒原里，苏联用火箭把第一颗人造地球卫星"斯普特尼号"送上了天。这颗直径 580 毫米、太空运行 92 天的小卫星，宣告着人类进入到一个空间探索的新时代。

1961 年 4 月，在 9 次无人飞船试验后，苏联空军少校加加林乘着"东方 1 号"飞船进行了 108 分钟的太空旅行。这是人类历史上第一次载人航天飞行，加加林也成为人类造访太空的第一人。

美国从 1961 年启动了"阿波罗登月计划"。8 年之后的 7 月 21 日，美国宇航员阿姆斯特朗登上了月球，为人类在月球上留下了第一个足印。在踏上月球的那一刻，人类第一位月宫使者由衷慨叹：这是我个人的一小步，却是人类的一大步。

载人航天工程是非常复杂的，这是一项充满着风险与挑战的事业。从邦达连科算起，至今已经有 22 名航天员献出了宝贵的生命。然而，人类在探索太空的征程中决不会停下前进的脚步，迎接探索者的必将是光辉的未来。国际空间站，一个共同探索、和平开发宇宙的平台。从飞船到空间站，人们用不懈的探索搭建起了通往"天宫"的云梯。

我国从来没有停下过努力的脚步。1970 年 4 月 24 日，我国第一颗人造卫星发射成功。那一年，胡世祥 30 岁，是按下发射"东方红一号"卫星火箭点火按钮的操作手；戚发轫 37 岁，是"东方红一号"卫星的技术负责人。

33 年后，2003 年的 10 月 15 日，他们分别以中国载人航天工程副总指挥和载人飞船系统总设计师的身份，出现在中国首次载人航天飞行的指挥大厅里。9 时整，"长征二号 F"型火箭托举着神舟五号载人飞船轰然起飞。浩瀚太空迎来了第一位中国访客——38 岁的中国航天员杨利伟。在 343 千米的高度上，中国人第一次在自己的航天器上看到了人类美丽的地球家园。

2005 年 10 月 12 至 17 日，我国成功进行了第二次载人航天飞行，这也是第一次将我国两名航天员同时送上太空。10 月 12 日 9 时整，发射神六飞船的长征二号 F 型运载火箭点火。火箭在点火 4 秒钟后升空，轰鸣声回荡在戈壁滩上空。这是长征火箭第 88 次发射。

2008 年 9 月 25 日，我国第三艘载人飞船神舟七号成功发射，三名航天员翟志刚、刘伯明、景海鹏顺利升空。

2012 年 6 月 16 日，我国神舟九号飞船在酒泉卫星发射中心发射升空，搭载的三名航天员分别是景海鹏、刘旺和刘洋，其中刘洋是我国首位女性航天员。

人类对宇宙的探索一直在继续，终有一天，我们会把谜一样的宇宙的面纱揭开。

▶ 知 识 窗

1. 工业 "三废" 是指废气、废水、废渣。
2. 在牛奶中加入米汤/稀饭、巧克力、柠檬汁，会降低牛奶的营养价值。
3. 喝黄酒时，加热以后有利于健康。

│拓展思考│

1. 月光和阳光到达地球要多长时间？月亮多久在东边出现一次？
2. 月亮的背面是什么？
3. 为什么月亮从地平线上升起时显得特别大？

探索人造地球卫星

Tan Suo Ren Zao Di Qiu Wei Xing

当你抬头看到满天星斗的夜空时，你有何感受？一闪一闪的星星中，偶尔你会看到一颗移动的星星，它像天幕上的神行太保匆匆奔忙，它们是什么样的星星呢，又怎么总是在工作的样子呢？

事实上这种奇特的星星并不是宇宙间的星球，而是人类挂上天宇的明灯——人造地球卫星。它们巡天遨游，穿梭往

※ 人造卫星

来，忠实地为人类服务，它们的存在给冷寂的宇宙增添了生气和活力。

◎人造地球卫星发展史

世界第一颗人造地球卫星于 1957 年 10 月 4 日穿过大气层进入太空，绕地球旋转了 1400 周，它的发射成功，是人类迈向太空的第一步，这就是苏联发射的"人造地球卫星"1 号。该卫星呈球形，外直径为 58 厘米，重量 83 千克，发射于苏联的拜科努尔发射场。

很早以前，人们认识到月球是围绕地球旋转的唯一天然卫星时，就开始向往着制造人造地球卫星（简称人造卫星）。1882～1883 年及 1932～1933 年曾两度举行了国际合作科学研究活动，参加的各国学者集中研究了地球的各种性质和与太空飞行有关的各种因素。特别是第二次世界大战后，火箭技术发展迅速，人们已经看到，在积累了研制现代火箭系统经验的基础上，研制人造卫星已成为可能。1954 年 7 月在维也纳召开的为 1957 年 7 月～1958 年 12 月"国际地球物理年"进行准备的国际会议上，国际地球物理年的计划委员会通过一项正式决议，要求与会国对于在地球物理年计划利用人造卫星的问题给予关注。对此，美国和苏联积极响应，并开始着手对发射人造卫星用运载火箭的探索与准备工作。1957 年召开

了第三次国际地球物理会议，美国和苏联代表使用人造卫星调查电离层和比电离层更高空间性质的计划，为人造卫星的发射谱写了前奏曲。1956年，苏联获悉美国的运载火箭已经进行了飞行实验，而苏联正在研制的人造卫星较为复杂，短期内难以完成。为了提前发射，苏联将原计划推迟，改为先发射两颗简易卫星。1957年8月21日，苏联将P－7洲际导弹改装成的"卫星"号运载火箭首次全程试射成功。同年10月4日，苏联用"卫星"号运载火箭将世界第一颗人造卫星送入太空。该卫星带有两台无线电发射机、测量内部温压的感应元件、磁强计和辐射计数器，其姿态控制采用最简单的自旋稳定方式。这颗卫星虽然简陋，但它却在国际上产生了巨大的影响。为人类的航天史开创了新纪元。

人造卫星的通用系统有结构、温度控制、姿态控制、能源、跟踪、遥测、遥控、通信、轨道控制、天线等系统，返回式卫星还有回收系统，此外还有根据任务需要而设的各种专用系统。

人造卫星有很多种类，如果按用途分，它可分为三大类：科学卫星、技术试验卫星和应用卫星。

科学卫星主要包括空间物理探测卫星和天文卫星，是用于科学探测和研究的卫星，用来研究高层大气、地球辐射带、地球磁层、宇宙线、太阳辐射等，并可以观测其他星体。

技术试验卫星是进行新技术试验或为应用卫星进行试验的卫星。航天技术中有很多新原理，新材料，新仪器，其能否使用，必须在天上进行试验；一种新卫星的性能如何，也只有把它发射到天上去实际"锻炼"，试验成功后才能应用。这些都是技术试验卫星的使命。

应用卫星的种类最多，数量最大，其中包括：通信卫星、气象卫星、侦察卫星、导航卫星、测地卫星、地球资源卫星、截击卫星等等，是直接为人类服务的卫星。

人造卫星的运行轨道（除近地轨道外）通常有三种：地球同步轨道、太阳同步轨道、极轨轨道。

地球同步轨道是运行周期与地球自转周期相同的顺行轨道。但其中有一种十分特殊的轨道，叫地球静止轨道。地球同步轨道有无数条，而地球静止轨道只有一条。地球静止轨道的倾角为零，在地球赤道上空35786千米。在地面上的人看来，在这条轨道上运行的卫星是静止不动的。一般通信卫星、广播卫星、气象卫星选用这种轨道比较有利。

太阳同步轨道是轨道平面绕地球自转轴旋转的，方向与地球公转方向相同，旋转角速度等于地球公转的平均角速度（360°/年）的轨道，它距地球的高度不超过6000千米。气象卫星、地球资源卫星一般采用这种轨

道。在这条轨道上运行的卫星以相同的方向经过同一纬度的当地时间是相同的。

极轨轨道是倾角为 90℃ 的轨道，在这条轨道上运行的卫星每圈都要经过地球两极上空，可以俯视整个地球表面。气象卫星、地球资源卫星，侦察卫星常采用此轨道。

虽然从地球有了第一颗人造卫星至今仅 60 多年，但是各国的空间技术都有了突飞猛进的发展。50 年代末到 60 年代初，人造卫星的发射主要用于探测地球空间环境和进行各种卫星技术试验。60 年代中，人造卫星进入了应用阶段。70 年代起，各种新型专用卫星的性能不断提高，诸多卫星已为人类作出了重要贡献。

▶ 知 识 窗

　　1. 地球的温度比较低，最热的地方（地核心）才 3000℃，不像太阳温度那样高，能引起热核反应，所以地球不会发光。

　　2. 云是浮在空中的水蒸气。空气在空中也是不停地流动着的。空气的流动就是风，就把云彩吹走了。空气流动得越快，云就走得越快。

|拓展思考|

　　1. 月球离地球是越来越远了吗？为什么我们晚上只能看到月亮而看不到其他行星呢？

　　2. 月球上为什么没有水和大气？

天文望远镜介绍

Tian Wen Wang Yuan Jing Jie Shao

天文望远镜是观测天体的重要仪器，它的出现为现代天文学做出了很大的贡献，可以毫不夸大地说，没有望远镜的诞生和发展，就没有现代天文学。随着望远镜在各方面性能的改进和提高，天文学也正经历着巨大的飞跃，迅速推进着人类对宇宙的认识。说一个光学仪器能看多远是没有意义的，只能说看多清。其实我们的肉眼就是一台光学仪器，肉眼可以看到 220 万光年以外的仙女座大星云，但是看不见距离地球最近的太阳系外恒星比邻星（4.2 光年）。那么接下来咱们就认识一下可以看清我们要观察的天体的工具——天文望远镜吧。

早在 1609 年，伽利略就制作了一架口径 4.2 厘米，长约 12 厘米的望

※ 哈勃空间望远镜

远镜。伽利略望远镜是一种折射式望远镜。伽利略是用平凸透镜作为物镜，凹透镜作为目镜，这种光学系统称为伽利略式望远镜。伽利略用这架望远镜指向天空，得到了一系列的重要发现，天文学从此进入了望远镜时代。

折射望远镜的优点是焦距长，底片比例尺大，对镜筒弯曲不敏感，最适合于做天体测量方面的工作。但是它总是有残余的色差，同时对紫外、红外波段的辐射吸收很厉害。而巨大的光学玻璃浇制也十分困难，到1897年叶凯士望远镜建成，折射望远镜的发展达到了顶点，但是由于从技术上无法铸造出大块完美无缺的玻璃做透镜，并且，由于重力使大尺寸透镜的变形会非常明显，因而丧失明锐的焦点。所以此后的这一百多年中再也没有更大的折射望远镜出现。

折反射式望远镜最早出现于1814年。1931年，德国光学家施密特用一块别具一格的接近于平行板的非球面薄透镜作为改正镜，与球面反射镜配合，制成了可以消除球差和轴外象差的施密特式折反射望远镜，这种望远镜光力强、视场大、象差小，适合于拍摄大面积的天区照片，尤其是对暗弱星云的拍照效果非常突出。施密特望远镜已经成了天文观测的重要工具。由于折反射式望远镜能兼顾折射和反射两种望远镜的优点，因此非常适合业余的天文观测和天文摄影，并且得到了广大天文爱好者的喜爱。

到了近代，国际上出现了很多望远镜，掀起了制造新一代大型望远镜的热潮。其中，欧洲南方天文台的 VLT；美、英、加合作的 GEMINI；日本的 SUBARU 的主镜采用了薄镜面；美国的 KeckI、KeckII 和 HET 望远镜的主镜采用了拼接技术。优秀的传统望远镜卡塞格林焦点在最好的工作状态下，可以将 80% 的几何光能集中在 $0''.6$ 范围内，而采用新技术制造的新一代大型望远镜可保持 80% 的光能集中在 $0''.2\sim0''.4$，甚至更好。

20 世纪 90 年代射电天文学随着微波背景辐射的，射电望远镜为其发展起了关键的作用。射电望远镜根据天线设计要求的不同可以分为连续和非连续孔径射电望远镜两种。这种望远镜可以测量天体射电的强度、频谱及偏振等量。包括收集射电波的定向天线，放大射电信号的高灵敏度接收机，信息记录、处理和显示系统等。

另外还有空间望远镜。空间观测设备与地面观测设备相比，有极大的优势：以光学望远镜为例，望远镜可以接收到宽得多的波段，短波甚至可以延伸到 100 纳米。没有大气抖动后，分辨本领可以得到很大的提高，空间没有重力，仪器就不会因自重而变形。其中著名的有哈勃空间望远镜。

这是由美国宇航局主持建造的四座巨型空间天文台中的第一座，也是所有天文观测项目中规模最大、投资最多、最受到公众注目的一项。它筹建于1978年，设计历时7年，1989年完成，并于1990年4月25日由航天飞机运载升空，耗资30亿美元。但是由于人为原因造成的主镜光学系统的球差，不得不在1993年12月2日进行了规模浩大的修复工作。成功的修复使HST性能达到甚至超过了原先设计的目标，观测结果表明，它的分辨率比地面的大型望远镜高出几十倍。

总之望远镜的出现为天文学的发展和传播都起到了很好的作用，相信随着技术的改进，会有更多更好更加实用的望远镜。

▶ 知 识 窗

1. 自来水最好用盆装着在阳光下晒一两天后，再用来养鱼。
2. 面包与饼干不宜一起存放。
3. 生吃蔬菜、鱼可以原汁原味地保留食品的营养。

| 拓展思考 |

1. 望远镜的原理是什么？
2. 地球为什么能在太空中悬着，而不会掉下来？

青少年应该知道的宇宙百科知识

宇

宙中的天体

YUZHOUZHONGDETIANTI

第二章

　　抬头仰望星空，你会发现各种各样的星体，比如地球的天然卫星月球，比如亮亮的启明星，再比如非常著名的银河，其实宇宙中的天体何止这些呢，宇宙中还有很多我们肉眼看不到的天体，甚至还有很多我们还没有观测到的星体。这诸多的恒星、行星、星系以及其他还没有被观测到的天体共同存在于宇宙之中，为宇宙增添了一抹神秘而美丽的色彩，一起去感受宇宙间天体的魅力吧。

恒 星

Heng Xing

朗星空里，人们用肉眼看到的星星，除了太阳系内的五大行星（水、金、火、木和土星）和流星及彗星之外，整个天空中的星星全部是恒星。恒星，是指那些自身会发光的球状或类球状的星体，它们的位置是相对固定的。恒星没有固态的表面，气体通过自身引力聚集成星球。由于它们的位置看上去亘古不变，古人因此称之为"恒星"。但实际上恒星不但是动的，而且以各自不同的速度在宇宙中飞奔，速度一般比宇宙飞船还要快，只是因为距离我们太遥远了，人们几乎察觉不到它们的运动。一般人用肉眼大约可以看到 6000 多颗恒星。借助于望远镜，则可以看到几十万乃至几百万颗以上。估计银河系中的恒星大约有 1500～2000 亿颗。

◎恒星的运动

自行是恒星相对于太阳系的质量中心，随着时间变化的推移所显示出在位置在角度上的改变，它的测量是以角秒/年为单位。哈雷是第一个提出恒星自行的人。这里有一个有趣的需要等待的实验，那就是将同一天空区域的相隔近百年的两张星图仔细对比，人们可以发现有些星星的位置已有了细微的变化，恒星的这种方位移动叫做恒星的自行。观测证明，一般恒星离我们越近，它的自行越大。自行最大的巴纳德星，每年移动 10.31 角秒。除了自行外，恒星还有一种趋向地球或远离地球的运动，称为视向运动。例如天狼星以每秒 8 千米的速度趋近地球，而有一颗名为毕宿五的亮星却以 55 千米/秒的速度远离地球。

上边已经提到恒星的自转速度甚至可以用飞奔形容。事实上这丝毫不夸张，虽然有一些恒星自转要比太阳慢一些，但部分恒星却具有惊人的自转速度。一些恒星旋转的速度如此之快以至于它们的外层大气被抛到了外层空间。自转速度最快的恒星的桂冠被体积极小的中子星获得，有的中子星的自转速度高达每秒几百转。恒星的自转可以透过分光镜概略的测量，或是追踪星斑确实的测量。年轻恒星会有很高的自转速度，在赤道可以超过 100 千米/秒。例如，B 型的水委一在自转的赤道速度就高达 225 千米/

秒甚至更高，使得赤道半径比极赤道大了50％。这样的速度仅比让水委一分裂的临界速度300千米/秒低了一些。相较之下，太阳以25～35天的周期自转一圈，在赤道的自转速度只有1.994千米/秒。一些恒星具有非常规则的自转。大多数的恒星都绕一条轴线旋转，就像我们的地球。但是由于恒星由气体构成，不同纬度的地方旋转的速

※ 仙女座内的恒星

度不一样。距离太阳极点较近的区域旋转一圈需要31天，而距赤道较近的低纬度地区则需要25天。由此可见，宇宙中运动是绝对的，静止是相对的。

对于恒星是如何形成的问题，天文学家们可谓绞尽了脑汁，提出过很多设想和方案。简单说来，有两大派根本对立的理论。一种是苏联天文学家1955年提出的"超密说"。他认为，恒星是由一种神秘的"星前物质"爆炸而形成的。这种星前物质体积极小，密度极大，但性质不明。因为这派超密说没有阐明具体的过程，也提不出任何物理机制，因此大多数天文学家都不承认这种学说。另一种称为"弥漫说"。即认为恒星是由一种很稀疏的星际物质通过凝聚而成的。近年来，这种弥漫说已获得了巨大的突破，也能说明许多观测事实，而且也为近代不少新发现所证实。经过多年的观测，天文学家发现我们银河系中许多美丽的、由气体和尘埃组成的星际云是恒星诞生的场所。猎户座大星云就是一个很好的例子，被称为猎户座四边形的四颗星是在非常近的时期里才凝聚成的。当尘埃和分子云的某一部分的密度比云的平均密度稍高时，新生星的形成过程便开始了。

◎恒星的基本知识

恒星的生命是漫长的，它的演化也十分缓慢。恒星的一生大致可以分成四个阶段：第一阶段是恒星的"出世、幼年、少年"时期；第二阶段是"壮年"时期，太空中绝大多数恒星处于这一阶段；当其演变成一颗红巨星时便是恒星的第三阶段了；经过红巨星以后，恒星进入了暮年，此时恒星的温度达到了极点，能源几乎枯竭。这一时期恒星的一个重要特点便是不稳定，再往后就进入爆发阶段或慢慢地坍缩，最后"死去"。多数恒星的年龄在10～100亿岁之间，有些恒星甚至接近观测到的宇宙年龄——

137亿岁。质量越大的恒星，寿命越短暂，主要是因为质量越大的恒星核心的压力也越高，造成燃烧氢的速度也越快。

看上去小小的恒星，其实都是极为庞大的球状星体，我们知道太阳这颗恒星比地球的体积大130万倍，但在茫无边际的宇宙中，太阳只是一个普通大小的恒星，比太阳大几十倍、几百倍的恒星有很多，例如，红超巨星就比太阳的直径大几百倍。只是太阳离我们近，其他恒星离我们远，就显得很小了；同样的道理，除太阳之外的恒星也在发光，但最近的比邻星也距离我们4光年，我们感觉不到它们的光和热，只是远远望去一点星光而已。有人说，如果能把所有恒星都拉得像太阳那样近，我们在地球上就可以看到无数个太阳了。

如果仔细观察夜晚的星空，你就会发现星星有的发红、有的发黄、有的发蓝、也有的发白。就像我们所知道的：蓝白色的火焰温度高，红色的火焰温度低。天上的星星也是如此。它们的不同颜色代表不同的温度。通常情况下，恒星的温度越高看起来越亮。恒星的温度越高，从每平方米辐射出来的能量就越多。因此，在其他条件相同的情况下，恒星越热，它的温度就越高。

大多数恒星的光度在几百年乃至几千年内并不变化。但也有相当多的恒星的光度一直在不断地变化，这种光度变化着的星称为变星。按其光度变化的原因可以分成物理变星和几何变星两大类。前者是由于恒星内部的物理原因引起的。物理变星又可分为脉动变星和爆发变星两种。脉动变星好像心脏脉动那样，它的光有周期性或者近乎周期性的规律，如造父变星和长周期变星都属于脉动变星。爆发变星却不同，它的光变是由于星休内部的核反应爆炸引起的。所以亮度变化很突然，而且很强烈，新星和超新星执属于这一类。几何变星光变的原因，是因为两颗星发生类似于日、月食的遮掩而引起的，并不是星体真实亮度的变化。研究变星对了解恒星世界有重要的意义。

现在的科学家认为，宇宙并非从来就有，亘古不变的，而是诞生于137亿年前的大爆炸。宇宙形成后过了90多亿年，太阳形成了。有了太阳及周围的行星，包括地球，才会有了今天的人类。在宇宙刚诞生时，只有氢、氦等轻元素，不会马上形成太阳系中的行星这样的岩石星体。那么，组成地球的重元素是怎么形成的呢？科学家认为，在太阳系形成之前，必然还有前代恒星诞生演化并消亡，从演变过程来说，第一代恒星通过聚变反应制造出了碳、氧以及硅、铁这样的重元素，然后才形成了现在我们丰富多彩的世界，因此，第一代恒星是改造宇宙元素组成的先驱。美国科学家的研究表明，宇宙中的第一代恒星很可能大部分是成对诞生的。

后来的新恒星又可分一级、二级两个年龄段，一级恒星的年龄大约为1万年，二级恒星的年龄大约为10万年。一级恒星的周围包裹着一层被中心吸引的、较为浓密的气体外壳，阻挡恒星中心向外辐射能量。随着中心的密度增加和温度升高，当中心辐射的能量冲破外壳的束缚时，就标志着一级恒星已经演化为二级恒星了。或许恒星还有很多不为我们所知的秘密，就等着你们来发掘了。

▶ 知 识 窗

1. 距离地球最近的行星是金星。
2. 月球绕地球公转的轨道成为白道。
3. 日食只能发生在朔日，即农历初一；月食只能发生在望日，即农历十五。

| 拓展思考 |

1. 太阳系里最热的行星是什么？它为什么那么热？
2. 火星为什么是红色的？

星 云
Xing Yun

星云是广泛存在于银河系和河外星系之中由气体和尘埃组成的云雾状物质。它千姿百态的形状，且大小不同。我们常常会看到蓝蓝的天空中飘着白云或阴沉的天空中笼罩着乌云，这些都是地球大气层中的水汽或雾汽凝结而成的。它们是地球大气中的一部分。星云是指银河系内、太阳系以外的一切非恒星状的气体尘埃云。星云包含了除行星和彗星外的几乎所有延展型天体。它们的主要成分是氢，其次是氮，还含有一定比例的金属元素和非金属元素。近年来的研究还发现含有有机分子等物质。宇宙空间很多区域并不是绝对的真空，在恒星星际空间内充满着恒星星际物质。恒星星际物质的分布很不均匀，其中宇宙尘埃物质密度较大的区域（此密度仍然远远小于地球上的实验室真空），所观测到的是雾状斑点，这便是星云。

◎星云的分类

星云按照以形态可划分为弥漫星云、行星状星云、超新星残骸三类。弥漫星云正如它的名称一样，没有明显的边界，常常呈现为不规则的形状，犹如天空中的云彩，但是它们一般都得使用望远镜才能观测到，很多只有用天体照相马头星云机作长时间曝光才能显示出它们的美貌。它们的直径在几十光年左右，密度平均为每立方厘米 10～100 个原子（事实上这比实验室里得到的真空要低得多）。它们主要分布在银道面附近。

星云的意思是朦胧或云雾，银河系的旋臂是大量星际物质集中的场所，实际上，除环状对称的行星状星云外，所有的星云都可以说是形状不规则的弥漫星云。弥漫星云按照光的性质大致可分为以下几种：

亮星云：一种能自身发光的星云，星际介质集中在一颗或几颗亮星周围而造成亮星云，这些亮星都是形成不久的年青恒星。

反射星云：假如一片星云附近有一颗恒星，那这个星云就能反射恒星发出的光而现出光亮来，这就像月亮反射太阳光一样，这样亮的星云我们称之为反射星云。这类星云是靠反射附近恒星的光线而发光的，呈蓝色（由于散射对蓝光比对红光更有效率，所以反射星云通常都是蓝色）。以天文学的观点，反射星云只是由尘埃组成，单纯的反射附近恒星或星团光线的云气。这些邻近的恒星没有足够的热让云气像发射星云那样因被电离而发光，但有足够的亮度可以让尘粒因散射光线而被看见。因此，反射星云显示出的频率光谱与照亮他的恒星相似。

※ 猎户座大星云

反射星云：一般说来，反射星云之所以明亮是因对来自近邻恒星之光的反射，这些星光射入星云时，云中的尘埃粒子将光反射。最有名的反射星云是围绕着金牛座中晶星团诸星的反射星云，我们所看到的星云状物质完全是星团中的星从其中形成的原始星云的残余物。

发射星云：是受到附近炽热光量的恒星激发而发光的，这些恒星所发出的紫外线会电离星云内的氢气，令它们发光。发射星云能辐射出各种不同色光的游离气体云（也就是电浆）。造成游离的原因通常是来自邻近恒星辐射出来的高能量光子。

暗星云：这些星云表现为在较亮恒星或星云背景上的暗黑剪影，这些巨大的暗云中没有星星，它们吸收来自其后面远方天体发的光。暗星云由于它既不发光，也没有光供它反射，但是将吸收和散射来自它后面的光线，因此可以在恒星密集的银河中以及明亮的弥漫星云的衬托下发现。

行星状星云：并不是行星，也和行星没有任何联系，只是因呈圆形、扁圆形或环形，有些与大行星很相像，才会得了这样的名字。现已发现的行星状星云有1000多个。但是，不是所有行星状星云都是呈圆面的，有些行星状星云的形状十分独特，如位于狐狸座的 M27 哑铃星云及英仙座中 M76 小哑铃星云等。行

※ 马头星云

星状星云中心是空的，而且往往有一颗很亮的恒星。如果用大望远镜拍得的照片却显示出非常复杂的纤维、斑点、气流和小弧等结构。恒星不断向

外抛射物质，形成星云。这类星云与弥漫星云在性质上完全不同，这类星云的体积处于不断膨胀之中，最后趋于消散。行星状星云的"生命"是十分短暂的，通常这些气壳会在数万年之内便会逐渐消失。

超新星遗迹也是一类与弥漫星云性质完全不同的星云，它们是超新星爆发后抛出的气体形成的。与行星状星云一样，这类星云的体积也在膨胀之中，最后也趋于消散。最有名超新星遗迹是金星座中的蟹状星云。因为它一直在膨胀，所以它从被发现以来就得到来广泛的关注。

※ 狐狸座的 M27 哑铃星云

它是由一颗在 1054 年爆发的银河系内的超新星留下的遗迹。在这个星云中央已发现有一颗中子星，但因为中子星体积非常小，用光学望远镜不能看到。那是因为它有脉冲式的无线电波辐射而发现的，并在理论上确定为中子星。

星云和恒星有着"血缘"关系。恒星抛出的气体将成为星云的部分，星云物质在引力作用下压缩成为恒星。在一定条件下，它们是能够互相转化的。因此研究星云对恒星而言，也有着重要的意义。

▶知 识 窗

1. 北斗七星属于大熊星座，古书上说："斗柄东指，天下皆春"。
2. 太阳系中质量最大的行星是木星。

拓展思考

1. 火星的极冠是"水冰"还是"干冰"？
2. 如果想到火星上去旅行，应该准备什么？

星系

Xing Xi

占据几千光年到几十万光年的空间的天体系统称为星系，它是由几十亿至数千亿颗恒星、星际气体、暗物质和尘埃物质等构成的。星系一词源自于希腊文中的 *galaxias*，是宇宙中庞大的星星的"岛屿"，它也是宇宙中最大、最美丽的天体系统之一。到目前为止，人们已在宇宙观测到了约 1000 亿个星系。它们中有的离我们较近，可以清楚地观测到它们的结构；有的非常遥远，目前所知最远的星系离我们有将近 150 亿光年。除了单独的恒星和稀薄的星际物质之外，大部分的星系都有数量庞大的多星系统、星团以及各种不同的星云。

◎星系分类

宇宙中星系非常多，且它们形状各不相同，不过从它们的照片看，基本上可分为螺旋星系、椭圆星系和漩涡星系等类别，还有一些形状不规则的称为不规则星系。

一般而言螺旋星系的螺旋臂形状近似对数螺线，在理论上显示这是大量恒星一致转动造成的一种干扰模式。像恒星一样，螺旋臂也绕着中心旋转，但是旋转的角速度并不是常数，这意味着恒星会穿越过螺旋臂，螺旋臂则是高密度区或是密度波。当恒星进入螺旋臂，它们会减速，因而创造出更高的密度；这就类似将在高速公路上的车速延缓一样。螺旋臂能被看见，是因为高密度促使恒星在此处诞生，因而螺旋臂上有许多明亮和年轻的恒星。

漩涡星系是盘状的，其中有凸起的核球，我们熟知的银河系就是一个典型的漩涡星系。各漩涡星系的盘与核球大小之比各异，漩涡星系的质量相差非常悬殊。漩涡星系是盘绕其中心旋转的，由此而形成其具有几条旋臂的特征形状。漩涡星系又可分为正常漩涡星系和棒状漩涡星系两类，后

※ 漩涡星系

者的中心核球呈长椭球状，旋臂从"棒"的两端拖曳出来。旋臂由许多最年轻、最亮和最热的星星"联缀"而成，气体和尘埃集中在这里，因而也是恒星不断诞生的区域。

椭圆星系的外貌比漩涡星系光滑，一般由老的冷的和大质量的星组成，很少有尘埃、气体和旋臂的明证，其外形为椭球状。大部分的星系都是椭圆星系，许多椭圆星系是由星系的交互作用，碰撞或是合并产生的。它们可以长成极大的体积（与螺旋星系比较）而且巨大的椭圆星系经常出现在星系群的中心区域。

星爆星系是星系碰撞后的结果，可能导致巨大椭圆星系的形成。

不规则星系顾名思义外形不规则，且没有明显的核和旋臂。一般说来，不规则星系比典型的漩涡星系和椭圆星系轻，它们的结构不规则，并含有大量的气体和尘埃，如我们银河系的近邻大、小麦哲伦云就是两个不规则星系。但也有将大麦哲伦云划归棒旋星系的。有些不规则星系是"特殊的"或"相互作用"的星系，它们奇特的外形可能是由于近期内被邻近星系的引力作用或"碰撞"所致。

◎银河系

夏秋季无月的晴夜，仰望天空，便可见到一条白茫茫的光带，其轮廓不很规则，但亮度大致均匀，从地平线的一方向上一直延伸到另一方的地平线，这就是古人冠之以天河、云汉、星搓等许多美称的银河。西方人把它叫做"牛奶路"。我们居住的地球就在这个巨大的银河系之中。

在远古的文明中，银河被赋予了神话意义。在希腊神话中，它是天神赫拉的乳汁；到了罗马人时期，他们认为这是丰收之神洒下的谷物；而维京人和玛亚人认为这是死后的人的灵魂通道；在中国则有鹊桥相会的传说。由于射电天文和红外天文的发展，大大增加了人们对银河系结构的了解。银河系是由核球、银盘、旋臂、银晕和银冕等部分组成的。银河系的主体类似体育运动用的铁饼，"圆饼"称为银盘，银盘的直径约为8万光年，中间厚，外边薄。银河系大概的形状可以从一个很简单的观察中得出。在夏夜或冬夜看银河，它是横跨天空的光带，两个季节的形状并不相同。

银河系实际上是一个有巨大星系盘的棒旋星系，直径大约30 000秒差距或是10万光年，厚度则约为3000光年；拥有约3000亿颗恒星和大约6000亿颗太阳的质量。银河由为数众多的恒星和星云所构成，亮星云密集处使银河增亮，暗星云则表现为银河上的暗区、暗隙。

银河系是一个庞大的恒星系统，所谓银河系的运动实际上指的是它所包含的恒星的运动。恒星除了它们各自的运动之外，还都绕着银河系中心旋转，叫做银河系的自转。银河系的自转是通过对恒星的视向速度和自行等光学观测资料的分析研究得出的，但光学观测只能提供离太阳不超过3000～4000秒差距范围内的资料。

◎河外星系

　　河外星系是与银河系类似的天体系统，是由几十亿至几千亿颗恒星、星云和星际物质组成的天体系统。因为它们都超出了银河系的范围，因此称它们为"河外星系"。目前我们观测到的河外星系有100亿个之多。河外星系一般用肉眼看不见，就算是通过一般望远镜去观察，也具一片雾气，跟星云简直一样。因此，以前人们一直把它们也当作星云，称为河外

※ 仙女座星系

星云。后来经过深入的研究，天文学家发现二者完全是两码事。河外星云实际上是和我们银河系类似的星系的内部成员，是由气体和尘埃组成的。因此，现在再也不用"河外星云"这个词了，而一律改称"河外星系"。仙女座星系就是位于仙女座的一个河外星系。

> **知识窗**
>
> 1. 月全食包括五个阶段：初亏、食既、食甚、生光、复圆。
> 2. 太阳系中自转最快的行星是木星。
> 3. 金星在中国古代被称为长庚。

拓展思考

1. 银河系是什么样子的？
2. 据说水星上一天等于两年，这是真的吗？

行星和卫星

Xing Xing He Wei Xing

行星通常指自身不发光，环绕着恒星运转的天体，在希腊语中为"流浪者"的意思。行星环绕太阳公转时，天空中相对位置在短期内有明显的变化，它们在群星中时现、时隐、时进、时退。行星的公转方向常与所绕恒星的自转方向相同。一般来说行星需具有一定质量，行星的质量要足够的大且近似于圆球状，自身不能像恒星那样发生核聚变反应。卫星是行星的一种，也是按固定轨道不停地运行，只是与一般行星不同，卫星总是始终围绕某个大行星旋转。卫星按它所围绕的行星可分为地球卫星或其他星球的卫星。按来源分，地球卫星又可分为天然卫星和人造地球卫星。人造卫星就是由人类建造，以太空飞行载具如火箭、航天飞机等发射到太空中，像天然卫星一样环绕地球或其他行星的装置。

行星这一概念在天文学上一直是个备受争议的问题，2006 年 8 月 24 日国际天文学联合会大会通过了"行星"的新定义，这一定义包括以下三点：（1）必须是围绕恒星运转的天体；（2）质量必须足够大，来克服固体应力以达到流体静力平衡的形状（近于球体）；（3）必须清除轨道附近区域，且公转轨道范围内不能有比它更大的天体。根据这一规定，原本被列为九大行星行列的冥王星被踢出。人类经过千百年的探索，到 16 世纪哥白尼建立日心说后才普遍认识到：地球是绕太阳公转的行星之一，而包括地球在内的八大行星则构成了一个围绕太阳旋转的行星系——太阳系的主要成员。按距离太阳的远近，太阳系内八大行星分别为水星、金星、地球、火星、木星、土星、天王星、海王星。其中太阳系内的肉眼可见的 5 颗行星是：水星，金星，火星，木星，土星。按照行星指数的大小可细分为：褐矮星、巨行星、主行星、矮行星、小行星和陨星。按照运动状态和所处位置的不同，

※ 木星

还可细分为：（常）行星（可以是前一类 6 种行星中的任何一种）、卫星（可以是前一类 6 种行星中的任何一种）、和彗星（多是前一类 6 种行星中的小行星和陨星）。

那么行星是如何诞生的呢？科学家说这要追溯到太阳诞生之初了。生生不息的星尘和气体像一个扁平的圆盘围绕太阳旋转，它们漫无目的地彼此撞击、聚合，这样过了大约 10 000 年。有些尘粒形成更大的固体物质，经过一个我们现在还不了解的神秘过程，这些物质最终聚合在一起，从而形成大约 100 千米宽的星子带，在这个区域，重力使得它们相互吸引、碰撞。两个星子如果大小差距悬殊，并且彼此的速度不大，碰撞以后，小星子就会被大星子吸引而被吃掉。这样，大的星子越来越大。如果两个星子大小差不多，彼此速度很大，它们碰撞后就会破裂，形成许多小块，而后，这些小块又陆续被大星子吃掉。这样，星子越来越少。大行星就是当时比较大的星子，无数小行星就是当时互相吞并时期没有被吃的幸运儿。这就是行星的诞生，是从小小的星尘经过了漫长的过程诞生的。

现在最新的研究认为：行星是从黑洞中产生的。科学家们为此找到了确凿的证据，银河系中央的小型黑洞能够超速"喷射"行星。在此之前，科学家认为只有特大质量黑洞才能以超速喷射行星。

虽然"流浪者"看上去时隐时现，时进时退，其实它们都是有一定规律的。例如，太阳系八大行星的运动很有次序和规律。首先，"同向性"。它们都自西向东朝一个方向绕太阳公转，而且大多数行星与太阳的自转方向一致；第二，"共面性"。八大行星的公转轨道几乎都在同一平面上（只有水星的轨道倾角较大）；第三，"近圆性"。八大行星的轨道虽然都是椭圆，但除水星外，都与正圆相差无几。

所谓天然卫星就是指环绕行星运转的星球。比如在太阳系中，月亮、土卫一、天卫一等星球环绕着地球及其他行星运转，这些星球就叫做行星的天然卫星。天然卫星最多的是木星，其中 63 颗已得到确认，至少还有 6 颗尚待证实。其次，属土星的天然卫星最多，目前已知 61 星。天然卫星的大小不一，彼此差别很大。其中一些直径只有几千米大，例如，火星的两个小月亮，还有木星，土星，天王星外围的一些小卫星。还有几个在太空运行的卫星却比水星还大，例如，土卫六、木卫三和木卫四，它们的直径都超过 5200 千米。有些卫星与行星相似，其运行轨道有共面性、同向性，称之为规则卫星；不具有这些性质的卫星，称为不规则卫星。有的卫星与行星绕太阳运行的方向一致，称为顺行；有的相反，称为逆行。对于卫星的起源，迄今仍无定论。天然卫星是宇宙中自然形成的，不好说它有什么作用。不过月球是人类了解比较多的星球，月亮作为地球的天然卫星所发挥的作用，我们所知道的有，它可以平衡地球自转，稳定地轴，控制潮汐；可以用来观察时间等。人造卫星的用途很广泛，有的装有照相设备，用于对地面进行照相、侦察，调查资源，监测地球气候和污染等；有的装有天文观测设备，用来进行天文观测；有的装有通信转播设备，用来转播广播、电视、数据通讯、电话等通讯讯号；有的装有科学研究设备，可以用来进行科研及空间无重力条件下的特殊生产。总之，人造卫星因研制、生产、使用者的目的不同而有不同的用途。

※ 天然卫星——月球

总之，行星和卫星的秘密还有很多隐藏在这个大的宇宙里，下一个惊人发现也许就是你。

▶知 识 窗

1. 地球的自转速度在变慢。

2. 神舟六号飞船两名宇航员的名字是：费俊龙、聂海胜。

3. 宇宙地心说是公元前 140 年前后，由古希腊天文学家托勒密在发展前人的基础上建立起来的。

拓展思考

1. 为什么白天也会看见月亮？

2. 既然地球是圆的，那么，生活在南半球的人的头岂不是要朝下了？

青少年应该知道的宇宙百科知识

天上的河——银河

Tian Shang De He——Yin He

前面我们已经了解了银河系的一些内容，在这一章节里面，我们就来看看银河系的成员之一——美丽的银河吧。

银河在中国的古代被赋予了美好的含义，在中国的文化中，银河占着很重要的地位，还有一个关于银河的著名传说"鹊桥相会"。晴朗的夜晚，当你抬头观察夜空

※ 银河系

的时候，不但会看到无数闪闪发光的星星，还会看到一条像纱巾似的淡淡的光带跨越整片夜空，就像是天空中的一条大河，夏季是南北方向，冬季接近于东西方向，这就是银河。在过去科技还不发达的时候，人们不知道它究竟是什么，就给它起了一个名字叫天河。我国民间一直流传着每年七夕牛郎织女在鹊桥相会的唯美神话故事。古人又称其为天河、银汉、星河。

事实上，银河只是太阳系中的银河系的一部分。因为它的主体部分投影在天球上的亮带被称为银河而得名。它是一条横跨星空的淡淡发光的带，在天鹰座与天赤道相交，位于北半天球。银河在天球上勾画出了一条宽窄不一致的带，被称为银道带，它的最宽处达 30°，最窄处只有 4° 左右，平均约为 20°。它看起来就像是一条白茫茫的亮带，从东北到西南方向划开在整个天空。你会看到银河里有许多的小光点，像是撒了白色的粉末一样，辉映成一片。其实一颗白色的粉末就是一颗巨大的恒星，银河就是由这许许多多的恒星构成的，太阳就是这些恒星中的一颗。在银河中像太阳这样的恒星有 2000 多亿颗，而且很多恒星都有卫星。在太空中俯视银河，它看起来就像一个漩涡。当我们置身其中侧视银河系时，所看到的是它布满恒星的画面。恒星发出的光离我们很远，而且数量也很多，又和

星际尘埃气体混合在一起，所以看起来就像是一条烟雾笼罩着的光带，十分漂亮。

大家都对农历的七月初七牛郎织女相会的故事耳熟能详，那么这个中国传统节日中最具有浪漫色彩的"七夕节"的日子是怎样选的呢？人们为什么会把"七月初七"这一天当作牛郎织女的相会日呢？原来，古代人们认为"七"是一个吉利的数字，有圆满的意思，并且"七七"之夜是月亮最接近银河的时候，月亮的光恰好能照在银河上，更利于人们观星。这天夜里，人们用天文望远镜可以看到银河里密密麻麻的星群，而月亮洒向银河的余晖便成了人们所想象的"鹊桥"。"七七"这天也逐步演变成了中国的情人节。在这天晚上你会看到有许多的有情人会仰望星空祈祷自己的爱情忠贞不渝。

▶ **知 识 窗**

1. 将虾仁放入碗内，加一点精盐、食用碱粉，用手抓搓一会儿后用清水浸泡，然后再用清水洗净，这样能使炒出的虾仁透明如水晶，爽嫩可口。

2. 在1斤面粉里掺入6个蛋清，使面里蛋白质增加，包的饺子下锅后蛋白质会很快凝固收缩，饺子起锅后收水快，不易粘连。

拓展思考

1. 土星为什么有光环？为什么土星光环有时会消失？

2. 木星和土星为什么特别扁？

青少年应该知道的宇宙百科知识

八大行星之——类地行星

Ba Da Xing Xing Zhi——Lei Di Xing Xing

所谓类地行星顾名思义就是指类似于地球的行星，它们距离太阳近，体积和质量都较小，平均密度较大，表面温度较高，大小与地球差不多，也都是由岩石构成的，以硅酸盐石作为主要成分。很多天文学家还有天文爱好者都认为这些行星上可能孕育生命，而且可能成为人类未来迁移的避难所，因而有研究意义。类地行星的构造都很相似：中央是一个以铁为主，且大部围绕褐矮星旋转的类地行星分为金属的核心。月球的构造也相似，但核心缺乏铁质。类地行星有峡谷、撞击坑、山脉和火山。类地行星的大气层都是再生大气层，区别于类木行星直接来自于太阳星云的原生大气层。太阳系的类地行星有火星、金星、水星和地球。

◎水星

水星是八大行星中距离太阳最近体积最小的行星，其轨道较扁，近日点（离太阳最近时）约 4600 万千米，远日点（离太阳最远时）约 7000 万千米。所以从地球上看去它和太阳之间的角距最大也不过 28°，很难观测到它，就是观测到了，也看不到它表面的容貌。而在水星上看到的太阳要比地球上看到的太阳大近 3 倍，巨大的太阳火辣辣地照射着水星表面。半径约为 2440 千米，体积仅是地球的 5.6%。它的平均密度比地球平均

※ 水星

密度略小，比月球和火星大，为 5.4 克/立方厘米。是太阳系中两个行星没有天然卫星的成员之一。

乍一看，水星与月球非常的相似，当然也有所不同，它们都是由成千上万的弹坑覆盖的，但水星不如月球上的密集，而且比月球上的更平坦。

这可能是由于水星没有太多的玄武岩的缘故。同样的，就像月球一样，没有空气和水的水星一直是一个拒绝生命存在的星球。水星上到处大大小小的环形坑穴，叫环形山，但也有平原裂谷和盆地。水星上的环形山都被命名，在国际天文学联合会已命名的 310 多个水星环形山的名称中，其中有15 个环形山是以中国的文学艺术家的名字如伯牙、蔡琰、李白、李清照、鲁迅等命名的，以此来纪念他们为人类作出的卓越贡献。

水星上也有许多"不可思议的地形"。这不是个描述性的说法，而是人们对那些地方的实际称谓。这个名字来自它所展示出来的纵横交错，沟壑纵横的模样。这片区域与我们发现的部分正好处在水星上相对的方向并不只是个巧合，而是由它内在原因。事实上，那些来自太空中的形成的物体在撞击水星时所产生的地震波在整个水星上传播，最后汇聚在与撞击部位相反的地方，形成了这种地形。

在奇特的水星上，一天是一年的两倍。不要惊讶，事实却是如此。水星只需要地球上的 88 天就可环绕太阳一周，所以，88 个地球日是水星上的一年的长度。但是水星自转的非常慢，需要 59 个地球日自转一圈。这两种运动的组合意味着对于水星上的观察点来讲，从一个"满月"到下一个之间所流逝的时间是 176 个地球日，所以水星上的一天的长度事实上是它上面一年的两倍。

◎火星

火星是八大行星中按离太阳由近而远的顺序的第四颗行星，八大行星中的第七大行星，比地球小，公转周期约 687 天，自转周期约 24 小时 37分。火星被称为战神，这或许是由于它鲜红的颜色而得来的，所以火星有时被称为"红色行星"。其轨道为椭圆形，所以，它在接受太阳照射的地方，近日点和远日点之间的温差将近 160℃，这对火星的气候产生巨大的影响。火星也是除了地球外具有各种有趣地形的固态表面行星。在出现人类的时候，火星已经被人们熟知了，并且一直在为接近它而不断努力，在1997 年 7 月 4 日，火星探路者成功登上了火星。

火星与地球的地形相似，有高山、平原和峡谷，正是因为这样，它才会有除了地球外人类最理想住所的美称。在火星的南半球，有着与月球上相似曲形的环状高地。相反的，它的北半球大多由新近形成的低平的平原组成。这些平原的形成过程十分复杂。南北边界上出现几千米的巨大高度变化。形成南北地势巨大差异以及边界地区高度剧变的原因还不太清楚，有人推测这是由于火星外层物增加的一瞬间产生的巨大作用力所形成的。

这里有如塔西斯地区、海拉斯平原、奥林匹斯山脉等地形。

火星上有过水和冰，有湖泊的遗迹，虽然火星跟地球很相似，种种迹象都让人们相信可能会存在生命，只是很可惜到目前为止科学家们都没有发现火星上生命的迹象。

◎金星

金星是太阳系八大行星中离地球最近的行星。公转周期是 224.71 地球日。它在中国古代有长庚、启明、太白和太白金星等称呼。古希腊人称它为阿佛洛狄忒（Aphrodite）——爱与美的女神，而罗马人称它为维纳斯（Venus）——美神。夜空中亮度仅次于月球，排第二，金星要在日出稍前或者日落稍后才能达到亮度最大。它有时会在黎明前出现在东方天空，被称为"启明"；有时黄昏后出现在西方天空，被称为"长庚"。是太阳系中除了水星之外另外一个没有天然卫星的行星。

金星的自转很特别，它是自东向西自转的，与其他行星的自转方向正好相反，而且它是太阳系内唯一一颗逆向自转的大行星。因此，在金星上看，太阳是西升东落。它的一个日出到下一个日出的昼夜交替只是地球上的 116.75 天。金星绕太阳公转的轨道是一个很接近正圆的椭圆形，且与黄道面接近重合，其公转速度约为每秒 35 千米，公转周期约为 224.70 天。但其自转周期却为 243 日，也就是说，金星的自转恒星日一天比一年还长。不过按照地球标准，以一次日出到下一次日出算一天的话，则金星上的一天要远远小于 243 天。这样结果是由金星逆向自转引起的。相传，金星逆向自转现象是很久以前与其他小行星相撞而造成的，但并未得到证实。金星除了这种不寻常的逆行自转以外，还有一点不寻常，那就是它的自转周期和轨道是同步的，当两颗行星距离最近时，金星总是以同一个面来面对地球（每 5.001 个金星日发生一次）。这可能是潮汐锁定作用的结果，当两颗行星靠得足够近时，潮汐力就会影响金星自转。不过也可能是一种巧合。

这颗夜空中明亮的星星和地球看上去有不少相似之处，很长时间内人们称其为地球的"姊妹星"。金星的直径仅仅比地球的直径小 408 千米。加上金星的公转轨道与地球很相近的事实，使人们有理由相信金星不太可能与地球的构造有很大差异。早期的科幻小说家幻想着金星上充满了水，然后演化成一个由恐龙统治的混乱的世界，甚至演化出更多离奇的故事，但是当科学数据积累到一定程度后，科学家才知道，原来两个星球的共同点只有那差不多大小的尺寸而已。金星并不是人们想象中地球的"姊妹星"。最早人们用望远镜观测观测到金星上持续变化的很精细的结构。不久，人们明白了金星完全被银色的云彩包围着，人们完全看不到它的表面。这面纱使人们可以尽情的想象，那面纱的下面是不是有蒙娜丽莎的迷人微笑？可是，科学探索发现进行的大气里没有充足的可供生命呼吸的氧气，而是富含着温室气体——二氧化碳。这个发现最终使得科学家完全放弃了金星可能与地球很相似的那一点点希望。

总的来说类地行星就是体积小、密度大、自转慢、卫星少，类似地球的行星。虽然类似，但是到现在为止的探索中都没有发现有生命存在的迹象。

▶知识窗

1. 金星是肉眼看到的最亮的行星。
2. 木星是八大行星中最大的行星。
3. 天王星的自转轴与公转平面几乎呈 0°夹角。

拓展思考

1. 行星的颜色为什么不一样？天王星和海王星为什么看上去都是蓝绿色？

2. 陨石究竟是什么？它们为什么会坠落？

青少年应该知道的宇宙百科知识

八大行星之——远日行星

Ba Da Xing Xing Zhi——Yuan Ri Xing Xing

顾名思义，距离太阳远的行星，包括天王星和海王星，体积适中，它们都是在望远镜发明以后才被发现的。它们主要由分子氢组成的大气，通常有一层非常厚的甲烷冰、氨冰之类的冰物质覆盖在其表面上，再以下就是坚硬的岩核。

◎海王星

海王星是唯一利用数学预测而非有计划的观测发现的行星，于1846年9月23日被发现，海王星是环绕太阳运行的第八颗行星，海王星在太阳系中，仅比木星和土星小，是太阳系的第三大行星。海王星的质量大约是地球的17倍，而与其类似双胞胎的天王星相比密度较低，质量大约是地球的14倍。海王星大气的主要成分是氢以及占比例较小的氦，此外还含有少量的甲烷。甲烷分子光谱的主吸收带位于可见光谱红色端的600纳米波长，大气中

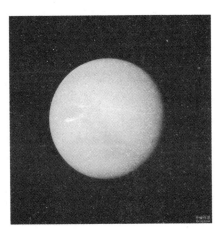

※ 海王星

甲烷对红色端光的吸收使得海王星呈现蓝色色调。另外，还有少量氨气。

海王星的自转周期为22小时左右，它的赤道面和轨道面的交角是28°48′，海王星绕太阳公转的轨道很接近正圆形，轨道面和黄道面的夹角很小，只有1°8′，它以平均每秒5.43千米的速度公转，大约要164.8年才能绕太阳一周，也就是说从1846年发现到现在，它还没走完一个全程呢。

海王星的四季的温差没有地球这么显著，冬季、夏季温差是很小的。海王星表面温度很低，通常在零下200℃以下，大气下的冰层估计有8000千米厚，比地球半径还大，因为它距离太阳太远了，那里的阳光强度仅相当于一盏0.8米外的百瓦电灯，日光强度仅仅相当于一只不到1米远的百

瓦灯泡所发光线的强度。海王星是一个典型的气体行星。海王星上呼啸着按带状分布的大风暴或旋风，海王星上的风暴是太阳系中最快的，时速达到2000千米。海王星的蓝色是大气中甲烷吸收了日光中的红光造成的。尽管海王星是一个寒冷而荒凉的星球，但科学家们推测它和木星、土星一样是有内部热源的。它辐射出的能量是它吸收的太阳能的两倍多。

总的来说，海王星内部有一个质量和地球差不多的核，核是由岩石构成的，温度约为2000℃～3000℃，核外面是质量较大的冰包层，再外面是浓密的大气层，大气中主要含有氢，还有甲烷和氨等气体。海王星的世界是一个狂风呼啸、乱云飞渡的世界，在大气中有许多湍急紊乱的气旋在翻滚。

◎天王星

天王星是望远镜发现的第一颗行星，在太阳系中的位置排行第七，距太阳约29亿千米。它的体积很大，是地球的65倍，仅次于木星和土星，在太阳系中位居第三；它的直径为5万多千米，是地球的4倍，质量约为地球的14.5倍，星等是5.7等。和木星及土星一样，天王星是另一个被由氢和氦组成的云所包围的世界。然而，它的大气也有微量的甲烷气体。甲烷

※"躺着"转动的天王星

吸收红、橙、黄光同时散射蓝光到我们眼里，因此这让这个行星显现出蓝色，可以说天王星和海王星就是一对双生兄弟。在晴朗的夜晚要想观看天王星，并不是很难。它的公转周期相当长，每84年绕太阳一周，平均每天只移动46″，很难与恒星区分，历史上曾多次被误认为是恒星而被载入星图。

天王星大概是最乏味的行星。即使在地球上最大的天文望远镜里，天王星看上去就跟一个蓝色的小点一样，谁让这个实际上很大的行星距离地球实在太远呢。当然，这颗遥远的行星是非常美丽的。土星有美丽而奇特的光环早已是众所周知的事了，光环似乎成了土星的"专利"。直到20世纪70年代才打破了这种垄断现象。1977年3月10日，天王星从天秤座中一颗编号为SAO158687号的暗恒星前面经过，出现了罕见的掩星天象。

青少年应该知道的宇宙百科知识

中国、美国、澳大利亚、印度和南非的天文台都抓住了这次难得的机会进行观测。发现掩星前和掩星后各出现 5 次亮度变化。经过天文学家们的分析，确认天王星也有光环，光环为 9 条细环，宽度约 10 万千米。1986 年 1 月 24 日，"旅行者 2 号"探测器以每小时 72000 千米的速度飞掠天王星时，又发现了天王星的 11 个环，纠正了 9 个环的认识。天王星共有 20 个环，不同的环有不同的颜色，这些色彩各异的环给这颗遥远的行星增添了新的光彩。

天王星上有着十分奇特和复杂的昼夜交替和四季变化现象，太阳照射的规律为：轮流照射着北极、赤道、南极、赤道。因此，天王星上大部分地区的每一昼和每一夜，都要持续 42 年才能变换一次。太阳照到哪一极，哪一极就是夏季，太阳总不下落，没有黑夜；而背对着太阳的那一极，则处在漫长黑夜所笼罩的寒冷冬季之中。只有在天王星赤道附近的南北纬 8°之间，才有因为自转周期而引起的昼夜变化。

天王星的公转周期为 84.01 个地球年。天王星自转方式非常奇特，就像一个耍赖的小孩，躺在地上打滚似的。天王星横躺在轨道上一边打着滚，一边绕太阳转圈。天王星如此运动的结果是天王星上的春秋两季，有着快速的昼和夜的交替，约每隔 16.8 小时太阳就升起一次。而冬夏两季和春秋两季则截然不同，当天王星的南半球对着太阳时，南半球处于夏季，这时期的太阳总是在南半球上空转圈子，永不下落。整个夏季南半球始终是白昼。这时背向太阳的北半球则处于冬季，整个冬季要度过长达 21 个地球年的漫长黑夜，所以有人把天王星称作为"一个颠倒的行星世界"。

对于海王星和天王星的面目才稍稍揭开，还会不断有新的疑谜产生。要想更深地了解谜一样的海王星和天王星这对双生兄弟，还要靠天文学家们的长期不懈的努力。

▶ 知 识 窗

1. 皮亚奇发现了第一颗小行星谷神星。

2. 梅西耶深空天体共有 110 个。

3. 春季星图上是没有银河的。

| 拓 展 思 考 |

1. 为什么彗星的尾巴总是背向太阳？

2. 流星雨是怎样形成的？

八大行星之——巨行星

Ba Da Xing Xing Zhi——Ju Xing Xing

巨 行星（有时人们称其为类木行星，在木星之外的行星，或是气体巨星）是不以岩石或其他固体为主要成分构成的大行星。气体巨星与类地行星有极大的不同，可能没有固体的表面，主要成分为氢、氦、和存在不同物理状态下的水。巨行星离太阳比类地行星远，体积和质量都很大，平均密度小，表面温度低，在太阳系内有 4 颗气体巨星：木星、土星、天王星和海王星。许多环绕恒星的系外行星已经被证实是气体巨星。"传统"的气体巨星是木星和土星，主要的成分是氢和氦。天王星和海王星因为主要的成分是水、氨和甲烷，而氢和氦只是最外层区域的主要成分，所以有时会被细分为"冰巨星"。本节介绍的是巨行星家族最巨大的两颗行星——木星和土星。

◎木星

木星有着极其巨大的质量，在太阳系的八大行星中体积和质量最大，是其他七大行星总和的 2.5 倍还多，是地球的 317.89 倍，而体积则是地球的 1 316 倍。有一种说法是，把太阳系中的其他行星全塞到木星里，还会有剩余的空间。它赤道部分自转一周仅 9 小时 50 分 30 秒，是八大行星中自转最快的。它的赤道周长近 45 万千米，转一圈还不到 24 小时，因此它的赤道部分突出，呈扁球形的体态。

木星和地球的天气有很大的不同，它们是由不同的能源驱动的。地球上的天气主要是由太阳辐射的能量驱动的，太阳照射造成大气不同地方的温差从而形成风，太阳能把海水气化形成雨。而木星天气动力的来源则在它的内部，木星大气顶端的温度为－150℃，在核心处温度可高达上千度，这是因为木星有内部热源。它有着太阳系中最狂野的天气。由于温度太低，木星上会下氨雪。大气中会结成比整个地球还大的冰雹。在巨大的暴风雨中的闪电的能量足以把一个地球上的城市气化掉。

尽管木星是太阳系中体积最大的一个，但是木星上的日子过得比太阳系中的任何行星都快，巨大的体积并没有阻止它成为太阳系中自转得最快的行星。一个木星日只有不到地球上的 10 个小时。像太阳一样，木星表面不是固体，在不同的纬度，木星的自转速度不一样（较差自转），一天的长短也就不同。在赤道附近，一天有 9 小时 50 分（地球时），在极地附近，一天有 9 小时 56 分（地球时）。

木星最大的四颗卫星由伽利略于 1610 年发现。当伽利略观测木星时，发现了木星两旁直线排列着 4 个亮点，连续的观测发现这 4 个亮点虽然会互换位置，可是它们一直在木星周围。伽利略正确的判定它们是木星的卫星，并以他的研究资助方富有麦迪斯家族的人命名这 4 颗卫星。可是，后人均称这 4 颗卫星为伽利略卫星。事实上伽利略卫星亮到我们可以用肉眼看到，这 4 颗卫星实际上比我们可以用肉眼看到的最暗的星还要亮，只是木星的光辉遮盖住了它们，所以直到望远镜发明后我们才发现那 4 颗卫星。

太阳之所以能够不断放射出的光和热，是因为太阳内部时刻进行着核聚变反应，在核聚变的过程中就会释放出大量的能量。而木星是一个巨大的液态氢星球，本身已具备了无法比拟的天然核燃料，加之木星的中心温度已达到了 28 万度，具备了进行热核反应所需的高温条件。经过多年的考察，人们发现木星正在向其宇宙空间释放巨大能量。它所放出的能量是它所获得太阳能量的两倍，这说明木星释放能量的一半来自于它的内部。木星本身就存在着热源，再加上它不断的吸积着太阳所释放的高能粒子，因此它所具有的能量就越来越大。至于热核反应所需的高压条件，就木星的收缩速度和对太阳放出的能量及携能粒子的吸积特性来看，木星在经过几十亿年的演化之后，中心压可达到最初核反应时所需的压力水平。一旦木星上爆发了大规模的热核反应，以千奇百怪的漩涡形式运动的木星大气层将充当释放核热能的"发射器"。所以，有科学家猜测，几十亿年后，木星就会从一颗行星成为一颗名副其实的恒星。但是也有人指出，木星如果想变成一颗恒星，它的核心温度必须达到 100 万度，这才足以点燃热核反应（氢聚变成氦的反应），释放出巨大的能量。而要达到那么高的核心温度，木星的质量至少要比现在大 100 倍，但是它没法从其他地方获得这么大的质量，所以它就不可能成为一颗恒星。

◎土星

土星古称镇星，是太阳系八大行星之一。被冠以太阳系中是最美丽行星的土星，光环最惹人注目。土星光环使土星看上去就像戴着一顶漂亮的大草帽。赤道直径约 120660 千米（为地球的 9.46 倍），两极直径大约 108000 千米，扁率很大，是最扁平的行星，也是太阳系第二大行星。它与邻居木星十分相像，表面也是液态氢和氦的海洋，上方同样覆盖着厚厚的云层。土星上狂风肆虐，沿东西方向的风速可超过每小时 1600 千米，是木星的 4 倍。土星上空含有大量的结晶氨的云层就是这些狂风造成的。

※ 土星环表面

四颗大行星（木星、土星、天王星、海王星）都有一些光环，但没有一个可以跟土星壮丽的环相比。土星的光环跨越了超过 200000 千米（几乎是地球到月球的距离），甚至还可以在一个小孔径的业余爱好者的天文望远镜里被看见。

土星的光环是显而易见的，人们在进行空间探测以前，就从地面观测中得知了土星环有 5 个，它包括 3 个主环（A、B、C 环）和两个暗环（D、E 环）。B 环既宽又亮，它的内侧是 C 环，外侧是 A 环。A 环和 B 环之间是宽约 5000 千米的卡西尼缝，它是天文学家卡西尼在 1675 年发现的。

A 环的内半径 121500 千米，外半径 137000 千米，宽度 15500 千米。B 环的内半径为 91500 千米，外半径为 116500 千米，宽度是 25000 千米，这样的面积可以并排放下两个地球。C 环较暗淡，它从 B 环的内边缘一直延伸到离土星表面只有 12000 千米处，宽度约 19000 千米。1969 年，又发现了更暗的环 D 环，它在 C 环的内侧，它几乎触及土星表面。在 A 环外侧还有一个 E 环，由非常稀疏的物质碎片构成，延伸在五、六个土星半径以外。1979 年 9 月，"先驱者" 11 号又探测到了 2 个新环——F 环和 G 环。F 环很窄，宽度不到 800 千米，离土星中心的距离为 2.33 个土星半径，正好在 A 环的外侧。G 环离土星很远，大约在离土星中心 10～15 个土星半径间的广阔地带。"先驱者" 11 号还测定了 A 环、B 环、C 环和卡西尼缝的位置、宽度，其结果同地面观测相差不大。另外，"先驱者" 11 号通过紫外辉光观测，发现了土星可见环的巨大氢云，也即是说这些环就是氢云的源。

在土星的 7 个环里，A 环、B 环和 C 环很亮，而其他环都比较非常暗淡。土星的赤道面与轨道面的倾角较大，从地球上看，土星呈现出南北方向的摆动，这就造成了土星环形状的周期变化。在仔细观测后人们还发现，土星环内除卡西尼缝以外，还有若干条缝，它们是质点密度较小的区域，但大多不完整且具有暂时性。就连 A 环中具有永久性的恩克缝也不够完整。

这里只是对太阳系中最大的行星木星和最美丽的行星土星做了简单的介绍，它们还有很多的知识等着大家去了解，当然，更重要的是，有太多的天文谜团需要后来人去探索。

▶ 知 识 窗

1. 水星上"一天等于两年"。
2. 狗是除人类外飞上太空的第一只动物。
3. "旅行者 2"号是第一个探测海王星的飞行器。

拓展思考

1. 恒星真的不动吗？
2. 恒星也有生老病死吗？

天然卫星——月球

Tian Ran Wei Xing——Yue Qiu

自古以来，皎洁美好的月亮被赋予了各种美丽的神话故事，我国的嫦娥奔月、唐明皇游月宫等，实际上这只是古人的一种憧憬。月球，俗称月亮，古称太阴，是环绕地球运行的一颗卫星。它是地球唯一的一颗天然卫星，也是离地球最近的天体。

月球是人类研究的最彻底的天体。也是除了地球外，人类唯一一个到达过的天体。月球与地球一样有壳、幔、核等分层结构。最外层的月壳平均厚度约为 60～65 千米。月壳下面到 1000 千米深度是月幔，它占了月球的大部分体积。月幔下面是月核，月核的温度约为 1000℃，很可能是熔融状态的。月球直径约 3474.8 千米，大约是地球的 1/4、太阳的 1/400，月球到地球的距离相当于地球到太阳的距离的 1/400，所以从地球上看去

※ 月球探索

月亮和太阳一样大。月球的体积大概有地球的 1/49，质量约 7350 亿亿吨，差不多相当于地球质量的 1/81 左右，月球表面的重力约是地球重力的 1/6。

月球正面上最突出的是布满月面的大大小小的几万个环形山，大的可装得下一个海南岛，小的只不过是一个坑洞。其次是面积占 50% 以上的 16 个"海"（地面上看到的阴影部分），不过这种海是徒有虚名，因为那儿不仅没有惊涛骇浪，就连滴水也找不到。另外，月面上还有些真正的山脉和陡壁，地势比地球上的山丛更为险峻。最富特色的是明亮四射的辐射纹，最长的辐射纹可以延伸 1800 千米。

在地球上，不论我们用多大力气向上抛东西，它总是会落回地面，这是因为地球的引力的关系。正因为如此，地球才能拉住厚厚的大气层。月球的质量较小，它表面上的引力只有地球的 1/6，所以在月面上，只要物体的速度达到每秒 2.4 千米（比炮弹快上一倍）就可逃离月球而去。气体分子都在高速运动，尤其在阳光的加热下，不少分子的热运动速度都超过了这个值。因此，即使月球原来有比金星还稠密的大气，经过几千几万年后也早逃光了。水在月球上也会遇到同样的厄运。因为在真空中，水很快就会汽化挥发，加上在阳光的照耀下，月面上可达 127℃ 的高温，所以就算原来月面上全部是汪洋大海，也早已化为气体散发到宇宙空间了。

经过人们对月球不断的勘探，我们了解到月球蕴藏着极为丰富的矿藏。据介绍，月球上稀有金属的储藏量比地球多。月球上的岩石主要有三种类型，第一种是富含铁、钛的月海玄武岩；第二种是斜长岩，富含钾、稀土和磷等，主要分布在月球高地；第三种是由 0.1～1 毫米的岩屑颗粒组成的角砾岩。月球岩石中的元素含量极为丰富，不仅含有地球上的全部元素和大约 60 种的矿物，另外还有 6 种矿物是地球上所没有的。

随着技术的发展，专家们通过利用氘和 H_3 可进行氦聚变，以此作为核电站的能源。月球土壤是中含有大量的 H_3。这种聚变不产生中子，安全无污染，是容易控制的核聚变，不仅可用于地面核电站，而且特别适合宇宙航行。据悉，月球土壤中 H_3 的含量估计为 71.5 万吨。从月球土壤中每提取一吨 H_3，可得到 6300 吨氢、70 吨氮和 1600 吨碳。从目前的分析看，由于月球的 H_3 蕴藏量大，对于未来能源比较紧缺的地球来说，无疑是雪中送炭。获取 H_3 也成了许多航天大国对月球进行开发的重要目标之一。

月球作为地球唯一的天然卫星，为地球做了很多贡献。首先，月球的诞生，为地球增加了很多的新事物；其次，月球绕着地球公转的同时，其特殊引力吸引着地球上的水，同其共同运动，形成了潮汐。潮汐为地球早期水生物走向陆地，起了很大的作用。然而，地球很久很久以前昼夜温差较大，温度在水的沸点与凝点之间，不宜人类居住。然而月球的特殊影响，对地球海水的引力减慢了地球自转和公转速度，使地球自转和公转周期趋向合理，带给了我们宝贵的四季，减小了温度差，从而适宜人类居住。

▶知识窗

1. 茶叶中除含有生物碱外，还有多种酸化物质，这些酸化合物与鸡蛋中的铁元素结合，对胃有刺激作用，不利于消化吸收，因此不要茶叶煮鸡蛋。

2. 苹果含有糖分和钾盐，吃多了对心脏不利，冠心病、心肌梗塞、肾炎、糖尿病患者不宜多吃。

3. 柑橘性凉，肠胃不适，肾肺功能虚寒的老人不能多吃。

拓展思考

1. 星座是怎么来的？为什么会和各种动物联系起来？

2. 什么是黑洞？黑洞是怎么形成的呢？

青少年应该知道的宇宙百科知识

宇

宙与人之——未解之谜

YUZHOUYURENZHI——WEIJIEZHIMI

第三章

　　现在我们还有太多太多的问题解决不了，我们努力的解释生命诞生的秘密，但是却总也找不到确凿的证据；恐龙灭绝的假说一个又一个，究竟哪个才是真；以预言文明的玛雅人如何消失的，没人解释的清楚，凡此种种，这些谜题既让人迷惑又让人兴奋，很希望能够有人为我们解惑，或许你能够从下面的文字中找到一些蛛丝马迹吧。

生命诞生之谜

Sheng Ming Dan Sheng Zhi Mi

古埃及托勒密王朝时期的有一句禅语：太阳神睁开双眼，埃及大地撒满阳光，当他闭上眼睛，埃及大地便又陷入黑暗，由此方有白昼和黑夜之分。诸神出于其口，像生出自其眼。万物莫不由他创造。他是金碧辉煌的神童，他的光芒使所有的生命都显得生机勃勃。——这显然是流行在埃及大地上的关于他们最早的祖先的写照。就如在中国有女娲造人，盘古开天辟地；日本有天照大神之说；欧洲流行耶和华创世说一样，不同的地域有不同的传说，虽有不同，我们却又不得不说有某些相似之处，它们都是过去人类对生命起源的思考。对于生命是如何诞生的问题，从古至今，我们不断思索，却始终难以给出一个令众人信服的说法。关于生命起源的，第一个谜是生命起源的时间问题。第二个是生命起源的方式问题，生命是怎样起源的？它在什么地方起源的？

首先，我们要探索的问题是关于生命起源的时间问题。我们知道，生物死亡后，它们的遗迹在适当的条件下，就保存在岩石之中，我们把它们称作化石，而化石是解决这个问题最可靠的证据，我们要用保存在岩石中的化石来回答。地质历史中形成的岩层，就像一部编年史书，地球生物的演化历史，就深深埋藏在这些岩石之中，年代越久远的生物化石，就保存在岩层的最底层。

※ 生命绽放

迄今为止，我们发现的最古老的生物化石是来自澳大利亚西部，这种化石是距今约 35 亿年前的岩石，这些化石类似于现在的蓝藻，它是一些原始的生命，是肉眼看不见的。它的大小只有几个微米到几十个微米，因此我们可以说，生命起源不会晚于 35 亿年前。对于地球的年龄这个常识大家都知道，地球的形成年龄大约在 46 亿年前，有这两个数据我们就可以看到生命起源的年龄，大致可以界定在 35～46 亿年之间。今天，随着科学的发展，地质学家认为，在地球形成的早期，地球受到了大量的小行星和陨石的撞击，它是不适合生命的生存。与其说当时地球上有生命，还不如说它在毁灭生命，因此地球上生命起源的时间，它不早于40亿年。另外，在格陵兰的38.5亿年的岩石中发现了碳，碳有无机碳和有机碳之分，有重碳和轻碳之别，因此我们可以根据这个碳之中的轻碳和重碳之比，来推测这些碳的来源。科学家根据碳的同位素分析，推测这些碳它是有机碳，是来源于生物体。也就是说，这样我们把生命起源的时间大大缩短了，也就是在距今40亿年到38亿年之间，自从地球上生命起源之后，一直到现在46亿年，就是生生不息的生命演化史。

在我们解决了地球起源的时间问题之后，就要来看一下地球生命起源的方式是什么了。关于生命起源大致上有这样几种假说：

第一种神造说，也就是我们经常听到的创世说。圣经旧约《创世纪》提出：上帝在6天之内创造了包括宇宙、陆地、海洋、各种动物、植物、男人、女人在内的世界万物。在中世纪的西方，大家普遍接受这个观念，可以说一直到现在，这种观念还被很多人接受。这个假说如果成立，那么天照大神、盘古以及其他的诸神的创世之说也要成立了，天上也许还有一场不同地域的神的争斗。

第二种自然发生论。在中国有腐草化萤，腐肉生蛆，淤泥生鼠等说法；埃及人认为生命来自于尼罗河；希腊人认为，昆虫生于土壤，春天万象更新，种子从泥土里萌发，昆虫从去年留下的卵壳中破壳而出。但是我们看到这不是生命的起源，而是生命的延续，现在我们已经彻底抛弃这种自生论的说法了。

第三种宇生论，就是有生源论。这种说法在19世纪的西方是很流行的，这种理论认为，生命是宇宙生来就固有的，但是如果生命是宇宙固有的，那么宇宙是如何诞生的呢？说来说去什么问题都没解决，直白地说这是一个不可知论。在20世纪的后半叶，有生源论逐渐发展到现在的宇宙胚种论，直到现在，有许多科学家认为，生命必须的酶，像蛋白质和遗传物质的形成，需要数亿年的时间，在地球早期并没有可以完成这些过程的充足时间段。因为它就两亿年，因此他们认为生命一定是以孢子或者其他生命的形式，从宇宙的某个地方来到了地球，根据这些理论来看这种观念也是有一定的依据的，但是这更像是自己想象出来的，所以很难让人信服。

第四种进化论。伴随着达尔文《物种起源》一书的问世，生物科学发生了前所未有的大变革，同时也为人类揭示生命起源这一千古之谜带来了一丝曙光。达尔文的物种起源论认为：地球在宇宙中形成以后，开始是没

青少年应该知道的宇宙百科知识

有生命的。经过了一段漫长的化学演化，就是说大气中的有机元素氢、碳、氮、氧、硫、磷等在自然界各种能源（如闪电、紫外线、宇宙线、火山喷发等等）的作用下，合成有机分子（如甲烷、二氧化碳、一氧化碳、水、硫化氢、氨、磷酸等等）。这些有机分子进一步合成，变成生物单体（如氨基酸、糖、腺甙和核甙酸等）。这些生物单体进一步聚合作用变成生物聚合物。如蛋白质、多糖、核酸等。这一段过程叫做化学演化。蛋白质出现后，最简单的生命随之诞生。这是发生在地球上距今大约 36 亿多年前的一件大事。因为地球上从此就开始了生命的演化。

生命有一个特别显著的特点，那就是有遗传的能力。生物能把上一代生命个体的特性传递给下一代，使下一代的新个体能够与上一代个体具有相同或者大致相同的特性。这个大致相同的现象是非常有意义的，也是最值得我们注意的一个现象。因为这说明它多少有一点与上一代不一样的特点，这种与上一代不一样的特点叫变异。这种变异的特性如果能够适应环境而生存，它就会一代又一代地把这种变异的特性加强并成为新个体所固有的特征。生物体不断地变异，不断地遗传，不断的适应，经过了长时间的洗礼，进化周而复始，具有新特征的新个体也就不断地出现，使生物体不断地由简单变复杂，构成了生物体的系统演化。

生命的诞生过程至今还没有特别明确的说法，科学家们关于生命起源的方式也还是处于研究阶段，距离解释清楚地球生命诞生的问题还有很远，这是一个很漫长的路。但是宇宙既然选择了地球这颗行星作为生命的载体，那么必然是地球最适合生物的繁殖和发育，现在我们的地球母亲满目疮痍，只因人类的不计后果。火星、金星、天王星、海王星亦或是其他的未知的天体，存在生命的可能性到目前为止还没有，所以在我们把自己和地球毁灭之前，让我们好好珍惜这个我们共同的家园吧。

▶ 知 识 窗

1. 孔子收学生的学费主要是肉类。
2. 端午节是为了纪念战国时期楚国诗人屈原。
3. 唐朝书法家张旭被称为"草圣"。

拓展思考

1. 为什么天空是蓝色的？
2. 蓝天有多高？

恐龙灭绝之谜

Kong Long Mie Jue Zhi Mi

※ 恐龙化石

恐龙生活在距今大约 2.35 亿万年至 6500 万年前，是群中生代的多样化优势脊椎动物，大多数属于陆生（栖息在陆地上的）爬行动物，但能直立行走，支配全球陆地生态系统超过 1.6 亿万年之久。据科学家们推算恐龙最早出现在约 2.4 亿万年前的三叠纪，灭亡于约 6500 万年前的白垩纪所发生的中生代末白垩纪生物大灭绝事件，这次浩劫杀死了以恐龙为主的地球上近半数的生物，但幸运的是，鸟类却在这场浩劫中幸存了下来，种种迹象表明鸟类是恐龙演化而来的。恐龙最终灭绝于 6300 万年前的新生代第三纪古新世。

两亿多年前的中生代又被称为"爬行动物时代"，因为这时候陆地上生活着许多爬行动物，这是大地第一次被脊椎动物广泛占据。那时的地球气候温暖，遍地都是茂密的森林，爬行动物有足够的食物，非常适宜繁衍生息，于是各种生物逐渐繁盛起来，种类越来越多。它们不断地分化成各种不同种类的爬行动物，有的变成了今天的龟类，有的变成了今天的鳄类，有的变成了今天的蛇类和蜥蜴类，其中还有一类演变成今天遍及世界的哺乳动物。恐龙是所有当时陆生爬行动物中体格最大的一类，沼泽地带和浅水湖是它们理想的住所，那时的空气温暖而潮湿，食物也很容易找到，恐龙得到最适合的生活环境。所以恐龙在地球上统治了一亿多年的时间，但是令人不解的是，它们在 6500 万年前很短的一段时间内突然灭绝了，今天人们看到的只是那时留下的大批恐龙化石，关于恐龙灭绝的原因到现在科学家还是没能弄清楚。

关于曾将长期称霸地球的恐龙却在 6500 万年前突然灭绝的原因，人们提出来不下百种假说，下面就介绍其中的一些观点：

（1）陨石碰撞说。距今 6500 万年前，一颗巨大的陨石曾撞击地球，使得生活在地球长达一亿数千万年的恐龙绝种。此理论是由加州大学柏克莱分校的路易·阿尔巴列斯博士等四位科学家所提出的。他们认为在这段期间中，以恐龙为首的许多生物都因之而绝种。

（2）造山运动说。在白垩纪末期发生的造山运动使得沼泽干涸，许多以沼泽为家的恐龙就无法再生活下去。因为气候变化，植物也改变了，食草性的恐龙不能适应新的食物，而相继灭绝。草食性恐龙灭绝，肉食性恐龙也失去了依持，结果也灭绝了。此一灭绝过程，持续了1 000万～2 000万年。到了白垩纪末期，最终在地球上绝迹。

（3）气候变动说。由于板块移动的结果，海流产生改变，更引起气候巨幅的改变。严寒的气候使植物死亡，恐龙缺乏食物而导致了灭亡。

（4）疾病论。持这种观点的多是美国权威的病理学家，他们认为在地球上恐龙这一物种发展到最鼎盛的时候，一场类似于人类目前面临的艾滋病一样的神秘病毒或者瘟疫，突然席卷了整个地球，使长期称霸地球的物种彻底灭绝。

（5）彗星碰撞说。是以古生物学者——戴维·劳普以及约翰·塞普柯斯基发表的"古生物的绝种是每两千六百万年发生一次"论点为开端而产生的。路易·阿尔巴勒兹将这个论点及自己的理论送给天体物理学者—查理·谬拉，后来谬拉就认为是由于太阳的半星复仇女神星的引力，周期性地把彗星推向地球的缘故。

（6）便秘论。持这种观点的人认为，食草类恐龙的食物以苏铁、羊齿等植物为主，后来这类植物灭绝，所以恐龙们不得不改食桑树等植物，造成便秘，食而不化而死亡。

（7）超新星爆发论。苏联天文学家什克洛夫斯基认为，是太阳附近的超新星爆发使恐龙灭绝，超新星爆发时，强宇宙线的照射对生物是致命的，苏联和巴西科学家对恐龙化石的分析证明了这一点。

（8）地磁移动论。以美国肯涅学院的查尔斯·霍普古斯教授为代表的一些学者提出，在过去的时代，地球磁极的极圈曾多次发生移动，而每一次移动都导致自然环境的巨大变化，如洪水、海啸、物种灭绝等，最严重的可能导致过文明的彻底终结，所以身体庞大的恐龙逃不过此劫也是情理之中的事。

（9）海洋潮退说。根据巴克的说法，海洋潮退，陆地接壤时，生物彼此相接触，因而造成某种类的生物绝种。例如袋鼠，袋鼠能在欧洲这种岛屿大陆上生存，但在南美大陆上遇见别种动物就宣告灭亡。除了这种吃与被吃的关系以外，还有疾病与寄生虫等的传染问题。

（10）自相残杀说。有人认为造成恐龙灭绝的真正原因是它们自相残杀的结果——肉食性恐龙以草食恐龙为食，肉食恐龙增加，草食恐龙自然越来越少，最后消失，肉食恐龙因无肉可食，就自相残杀，最后落得个同归于尽的结局，最终灭亡。

关于恐龙灭亡的假说层出不穷，却没有人能给出最合理化的解释，也许小行星撞地球正好碰上大的火山爆发是真正的原因，也许是很多综合性的灾难使得称雄地球的物种突然灭绝，总之，相信科学家们在不久的将来会找出更加合理的理由。

▶ 知 识 窗

1. 黄帝二十五子，其中得姓的有十四人。

2. "学不师授，博览无不该通"说的是嵇康，他的《广陵散》为我国十大古琴曲之一。

3. 亚历山大·贝尔发明了世界山第一部电话。

| 拓展思考 |

1. 为什么日落时天空是红的？

2. 月亮会发光吗？

玛雅人消失之谜

Ma Ya Ren Xiao Shi Zhi Mi

大家对《死海古卷》《圣经》《推背图》等著作未必熟悉，但是对这些书中透漏出的那个恐怖的信息——世界末日，应该多多少少都听到过，而关于世界末日之说，有着高度文明的玛雅人更是直接指出人类将在 2012 年毁灭。那么玛雅人为何突然消失呢，本文就问题进行一下说明。

※ 墨西哥玛雅遗迹

古典期玛雅文明曾经在中南美洲热带雨林中，有过约 600 年左右的繁荣岁月。该文明技术水准停留在石器时代，各都市间自成王国。玛雅人在这近 2000 年间创造了辉煌的玛雅文明。但是他们却在公元 800 年前后，放弃了高度发展的文明，大举迁移，他们所创建的每个中心城市也都终止了建造新的建筑。文明很快消失于美洲的热带丛林中。人们不知道公元 9 世纪这 100 年间到底发生了什么，人们只了解其间玛雅人修建的各种浩大工程如金字塔、宫殿和神庙等都突然停止了施工，所有玛雅人像是接受了某种神秘指令，遗弃了辛勤修筑的家园而向更加荒芜的深山迁移。

玛雅人文明的高度，是我们难以想象的水准，他们早在 3000 多年前就对天文知识有着惊人的掌握：如计算精确的玛雅历法，从中透露给我们一些感到不可思议的信息，他们竟然知道人类在后来才了解的天文知识。玛雅经书中记载着精确的历法，这种历法比起教会认可的并通用迄今的格雷戈里公历要高明得多，每年误差才 1 分钟，也就是说大约 1500 年才差一天，可想而知是多么的精准。他们能精确地计算出其他星体的运行时间，比如，他们知道地球公转时间，是 365 天 6 小时 24 分 20 秒，误差小的惊人。这种高度先进的文明使得很多人都笃信这个神秘民族的预言。下面就介绍一下关于玛雅文明中断的几种说法。

（1）干旱说。这种看法目前接受的人不少。这种观点认为玛雅文明由于当地连年发生干旱，摧毁了古文明赖以生存的农业基础。而他们又没有打井竖渠的水利知识，在湖泊河流干枯断流之后，农业的歉收引起了一系列的连锁反应，巨大的都市文明最终分崩离析，高度发展的玛雅文明也从此消失在丛林之中。但是导致尤卡坦半岛旱灾频发的原因是什么，这一直是学术界争论的重点。

（2）生态危机说。这种观点也有一定的道理。玛雅文明虽然是城市文明，却建立在玉米农业的根基之上。自古以来，玛雅农民采用一种极原始的耕作法：他们先把树木统统砍光，过一段时间干燥以后，在雨季到来之前放火焚毁，以草木灰作肥料，覆盖住贫瘠的雨林土壤。烧一次种一茬，其后要休耕1～3年，有的地方甚至要长达6年，待草木长得比较茂盛之后再烧再种。当古典期文明繁盛、人口大增时，农业的压力越来越大，人们更多地毁林开荒，同时把休耕时间尽量缩短，然而这样一来，土壤肥力下降，玉米产量越来越少。玛雅文明在人口大发展之后，面临着生态环境恶化、生活资源枯竭的严重问题，社会状况一落千丈。更为严重的是，在神权政治的体制下，玛雅王族和祭司将这种种"衰败之象"都归结为神的不满。他们更多地建神庙，更频繁、更隆重地祈祷，期盼能借神力扭转乾坤。当然，这样做的结果是浪费了更多的人力和已十分贫乏的资源，直至陷入不可救药的恶性循环。随着农业生产供应的严重匮乏，玛雅古典期高度发达的文明也开始崩溃。当城市周围贫瘠的荒地连成一片，饥饿就迫使玛雅人弃城而去了。经过百年衰败动荡之后，中央低地各城邦都湮没在热带丛莽之中，绿色植物悄悄覆盖起一切，像掩藏起一个久远的秘密。

（3）外星人说。对于玛雅人的消亡之谜，美国的艾力克和哥雷克两兄弟提出了另一个惊人的说法——玛雅人是外星人，因为在一个星球遇到致命的灾难，而逃离到地球。对于玛雅人集体消失的原因，艾力克和哥雷克两兄弟则说，是因为墨西哥高原的印第安人发动战争，将玛雅文明占为己有，所以他们在9世纪坐上太空船飞向外太空。关于证据，他们提出今天发现的玛雅人的雕刻及壁画中所反映的，都是铁证。由此再顺着两兄弟的猜想而猜想，如今在地球频频出现的UFO莫非就是远古时候离去的玛雅人再度归来？当他们看到今天的地球文明，来地球做一而再，再而三地探索？或者他们在寻找那些曾被他们遗弃的亲人？

（4）等级划分说。有学者认为，严格的等级划分是导致后古典期文明衰落之后，玛雅文明销声匿迹的首要原因。玛雅高深的知识和文明只掌握在极少数贵族和祭司的手中，占玛雅人口绝大多数的下层劳动者完全是文盲。这些养尊处优的贵族知识分子，在繁华殆尽后难以生存，乃至很快消失，留下来的为数众多的普通玛雅农民，自然无法读懂那些本来就一无所知的文字和史书了。就这样辉煌无比的玛雅文明消失了。

玛雅文明从公元9世纪开始逐渐失去光彩，西班牙殖民者的入侵又给了后古典期支离破碎的玛雅世界最后一击，支撑文明体系的精神世界和记载它们的书籍失落。现在，仍有将近200万玛雅人生活在祖先的土地上，使用着近25种玛雅语，然而他们对过往的历史几乎一无所知，我们依然无法知晓高度发展的玛雅文明为何突然消失。

▶知 识 窗

1.《庄子》《老子》《周易》被合称"三玄"。
2."新郎官"最早指的是新科进士。
3.日本战国时期三大奇袭战是指桶狭间、河越和严岛。

拓展思考

1. 我们能看到多少颗星星？
2. 太阳的温度有多高？

金字塔之谜

Jin Zi Ta Zhi Mi

古埃及是世界历史上最悠久的四大文明古国之一，提起埃及，恐怕大家都会不约而同地想到金字塔，这是古埃及文明的代表作，是埃及国家的象征。埃及金字塔是埃及古代奴隶社会的方锥形帝王陵墓，大小不一。世界七大建筑奇迹之一。数量众多，分布广泛，开罗西南尼罗河西古城孟菲斯一带最为集中。

埃及共发现金字塔 80 座，其中最壮观的一座金字塔就是在公元前2600 年左右建成的高 137.2 米，底长 230 米，共用 230 万块平均每块 2.5吨的石块，占地 52000 平方米的胡夫金字塔，这座宏伟的建筑全部都是由人工建成。古代埃及人如何把坎石块雕蘑刻及砌成陵墓，陵墓内部的通道和陵室的布局宛如迷宫，古代埃及人是用什么方法设计它呢？陵墓的通风

※ 埃及金字塔

道倾斜深入多层地下，石壁光滑、刻以精美华丽的浮雕，但谁也不能明白古埃及人怎么就能掌握如此精湛的挖掘雕刻技巧和运用这样的加工工具。要知道 4500 年前，那时候人类尚未掌握铁器，埃及金字塔之谜是人类史上最大的谜。甚至我们不知道究竟是何人建造了如此宏伟的工程，对于它的建设者一直众说纷纭。至今，主要有如下四种解释：

（1）百万奴隶血汗的结晶。人称"西方史学之父"的希罗多德曾记载，建造胡夫金字塔的石头是从"阿拉伯山"（可能是西奈半岛）开采来的，而那些修饰其表面的石灰石，是近百万工匠从河东的图拉开采运来。古埃及奴隶是借助畜力和滚木，把巨石运到建筑地点的，他们又将场地四周天然的沙土堆成斜面，把巨石沿着斜面拉上金字塔。就这样，堆一层坡，砌一层石，逐渐加高金字塔。但是，近年来考古人员在金字塔附近发现了工匠居住的村落，那里住过几千名工匠，食宿条件有充分保证。并且，还在金字塔所埋葬死者的随葬品中发现了大量测量、计算和加工石器的工具，这表明这些死者就是金字塔的建造者，但是他们不可能是奴隶，因为奴隶死后不会被安葬。此外，考古学家还在墓穴中发现了原始的金属手术器械和一些死者在骨折后得到医治的痕迹，说明这些死者得到了很好的医疗待遇，如果你知道古代埃及奴隶的低位，你就知道奴隶是不可能得到这种待遇的。此外，考古人员还在生活区内发现了劳工们的集体宿舍等生活设施的遗迹。通过对这些遗迹测算，只有大约 25000 名劳工参与建造金字塔，这就意味着希罗多德有关金字塔由百万名工匠建造的论断是不准确的。

（2）混凝土浇灌的结果。2000 年，法国人约瑟·大卫杜维斯提出了他惊人的见解，声称金字塔上的巨石是人造的。大卫杜维斯借助显微镜和化学分析的方法，认真研究了巨石的构造。他根据化验结果得出这样的结论：金字塔上的石头是用石灰和贝壳经人工浇筑混凝而成的，其方法类似今天浇灌混凝土。由于这种混合物凝固硬结得十分好，人们难以分辨出它和天然石头的差别。此外，大卫杜维斯还提出一个颇具说服力的佐证：在石头中他发现了一缕约 1 英寸长的人发，唯一可能的解释是，工人在操作时不慎将这缕头发掉进了混凝土中，保存至今。一些科学家认为，鉴于现代考古研究业已证实人类早在数千年前就知道如何制作混凝土，所以大卫杜维斯的论断颇为可信。

（3）地外文明的杰作。认为金字塔并非人类的作品的想法，确实是情有可原，因为建造金字塔之说尚有许多难以解释之处，并且，人们对飞碟观察和研究活动越来越广泛，有人把神秘的金字塔同变幻莫测的飞碟上的外星人联系起来也合情合理。他们认为，在几千年前，人类不可能有建造金字塔这样的能力，只有外星人才有。他们经过推算还发现，通过开罗近郊胡夫金字塔的经线把地球分成东、西两个半球，它们的陆地面积是相等的。这种"巧合"大概是外星人选择金字塔建造地点的用意。再加上有关金字塔真真假假的神力传说，所以这一说法也日渐盛行起来。

（4）失落文明部落的遗产。还有人说得更玄，把金字塔与神秘学联系起来，认为金字塔是地球前一次高度文明社会灭亡后的遗产，或者是诸如大西洲之类已经毁灭的人类文物的遗留物。

不过，越来越多的证据表明，金字塔确确实实是古埃及人建造的，当时一定集中了古代埃及人的所有聪明才智，因为它需要解决的难题肯定是很多的。但是这些问题都解决了，金字塔修起来了，而且屹立了4000多年，这本身就是一大奇迹。所以，可以说金字塔是古代埃及人民智慧的结晶，是古代埃及文明的象征。

▶ 知 识 窗

　　1. 分封土地是西周分封制度的核心内容。
　　2. 宗法制的实行使西周的政治制度具有浓重的血缘色彩。
　　3. 上古三代是指夏、商、周。

拓展思考

　　1. 地球为什么会转圈？
　　2. 中午的太阳为什么是白色？

古墓"长明灯"不息之谜

Gu Mu "Chang Ming Deng" Bu Xi Zhi Mi

※ 古墓"长明灯"

近年来关于盗墓的小说比比皆是，各种相关词汇也就层出不穷，"鬼吹灯"一词虽然古已有之，但是在当下社会流行起来，盗墓小说可谓功不可没。小说里大都这样描述，盗墓者想尽千方百计，到古墓中去偷窃埋藏了千百年的金银珠宝，古墓往往与世隔绝，使宝物历经千年还保存得相当完好。在这终年不见天日的古墓中，盗墓者通常会认为里面应该是伸手不见五指。可是他们有时却惊恐地发现，在一些古墓的拱顶上，一盏明灯投射着幽幽的光芒。事实上，考古记录显示，古墓灯光的现象在世界各地都有发现，例如印度、中国、埃及、希腊、南美、北美等许多拥有古老文明的国家和地区，就连意大利、英国、爱尔兰和法国等地也出现过。

传说在埃及太阳神庙门上燃烧着的一盏灯。这盏灯不用任何燃料，亮了几个世纪，无论刮风下雨，它都不会熄灭。据罗马神学家圣·奥古斯丁描述，埃及维纳斯神庙也有一盏类似的灯，也是风吹不熄，雨浇不灭，就像我们熟知的《西游记》中所描述的火焰山上寻找的火种一样。

据说在公元1534年，英国国王亨利八世的军队冲进了英国教堂，解散了宗教团体，挖掘和抢劫了许多坟墓。他们在约克郡挖掘罗马皇帝康斯坦丁之父的坟墓时，发现了一盏还在燃烧的灯，要知道康斯坦丁之父死于公元300年，也就是说这盏灯燃烧了1200年！

无独有偶，在公元1540年，罗马教皇保罗三世在罗马的亚壁古道（一条古罗马大道）旁边的坟墓里发现了一盏燃烧的灯。这个坟墓据说是古罗马政治家西塞罗的女儿之墓，西塞罗的女儿死于公元前44年。这就意味着这盏灯在这个封闭的拱形坟墓里燃烧了1584年！更有趣的是，坟墓里的尸体浸在一种未知的液体中，看起来像是刚刚才死去一样，或许很多古人就是用这种液体来保存尸体的。

关于古墓千年不灭的灯的传说和事例还有很多，那么这种不寻常的灯代表着远古的高科技吗？如果是的话，我们的祖先是如何发明这些永不熄灭的灯呢？遗憾的是，这种不熄的灯现在再无踪影，甚至那些过去记载的见闻是不是真实的，我们都无法确定。永不熄灭的灯很自然成为学术界争论的话题。

一部分人认为，世界各国不约而同地对于长明灯的记录足以让人肯定，确实存在这样一种不熄的灯，或者长久燃烧的灯，只是技术失传，我们现在的人理解不了。中世纪时期的大部分有识之士认为，确实存在这种不熄的灯，而且还认为这种灯具有某种魔力。

另一部分人则认为，虽然有那么多有关长明灯的记录，但现实中确实并没有一盏长明灯摆在众目睽睽之下，而且这种灯的能源问题严重违背能量守恒定律，因此这种不熄的灯应该不存在。还有许多人认为，这也许是古人在书中开的一种聪明的玩笑。

如果长明灯真的存在，那么它们的能量来源是什么？或者它们并不是永久长明的，但千百年长久地燃烧，若是普通的煤油灯，就要耗费多少万升的煤油。难道它们的燃料是能够不断补充的？中世纪以后，许多思想家曾经试图用补充燃料的方式制造一盏长明灯，即在燃料将耗尽时，快速补充燃料。但是没有一个实验成功过。即使利用现代的燃料连续补充技术，制造一个千百年长明的灯，也是非常难的，甚至是不太现实的。

还有一些人大胆推测，或许这种灯就是使用电的灯，灯碗里那看似燃料的液体可能就是用来导电的汞或者其他更高级的物质，所以"燃料"看起来永不见少，这种用电的灯也不会怕风吹雨打。

如果神灯真的是用电能点亮，那么电能是如何产生的？难道庙宇或古墓中安装有能够发电的机器吗？要做到一劳永逸地不断供应电能，只有太阳能发电可以做到。神灯真的是利用太阳能发电吗？古人似乎不愿告诉我们秘诀。总之，到现在我们还没有见过真正的长明灯，未来会不会真的见到或者制造出来，一切都是未知数。

▶ 知 识 窗

1. 我国历史上第一个王朝的建立者是禹。
2. 始社会末期的民主推选部落联盟首领的方法，禹的后继者应该是伯益。
3. 商朝时在中央设置的执掌军权的官职是师。

┃拓 展 思 考┃

1. 流星雨是怎么回事？
2. 云为什么会走？

大西国之谜

Da Xi Guo Zhi Mi

这里的大西国，是指最早由柏拉图描述的位于现在大西洋上的一座岛屿，又名大西洲，岛上的居民曾创造了先进的文明，但缺乏文献支撑。有很多人怀疑，那些无法解释的"古代超级文明"遗迹是外星智慧的杰作，而大西国的人就是外星人。如果从这个假设出发，摆在我们面前的很多无法解释的谜就更加耐人寻味了，比如，为什么世界上各种文明中神话里的神，从天上下凡后都在某一天到海里？为什么美洲大陆的神总是来自东方，而欧洲大陆的神总是来自西方？这似乎表明，人类也许有一个共同的大西洋起源。

有些古人类学家推测，历史上可能真的存在过一个大西种族，这个种族包括爱尔兰人、威尔士人、布列塔尼人、巴斯克人、安达卢西亚人以及柏柏尔人等。这些人具有共同的伦理，讲的是一种相似的喉音重的方言。方言中某些发音在希腊——拉丁语系中没有，然而可以在尤卡坦的玛雅语中找到同样的古怪的音。有些 UFO 学家认为，这些人的最初祖先来自外星，后来在海底洞内过穴居生活。

曾经有两个英国人在 1952 年对 5 具在秘鲁库斯科发现的印加干尸进行了血液分析，其中一具属于 C－E－C 型（即 RH），这种血型的人在世界其他地方从未见过；另一具属于 D－C 型，这种血型在美洲印第安人中极其稀少。由此可见，大西洋一侧的印加人，另一侧的巴斯克人和埃及人，血型都与周围民族不同。这会不会就是假设中的来自外星的大西国人的血型呢？

考古学家曾挖掘出奇形怪状的古生物化石。而这些化石的样子，实在看不出它们是由什么生物的骨骼演化而成的。或许是什么外星的智慧生物？如果它们曾经在远古时代造访过地球，那么它们还会来的。我们期待着它们的光临。

有些学者认为大西国的存在是可以肯定的，是否是外星人在地球上的基地，仍然需要进一步的考证，然而从宇宙的观点出发去解释神秘莫测的世界，这也并不是毫无可能的。

科学家卡尔·萨根认为，地球在地质时期曾经有过上万次银河系文明来访过。一位瑞士科学家曾在意大利北部地区找到了被掩埋的类人物骷髅的残骸。他认为这个骷髅已有 1000 万年的历史了。

在美国内华达州孔特利贝尔什深峡谷地层内，人们曾发现一个鞋底的痕迹，其清晰程度乃至粗线条纹路都看得十分清楚。估计这一鞋底的印迹已有1500万年的历史。

在澳大利亚的岩画上有一些奇怪的生物图案，而且那些生物身上仿佛穿着酷似现代宇航服一样的东西。或许我们可以这样推测，在很久以前，这些地外生物穿着宇航服来到澳大利亚，在岩石上留下了它们的标记。

在法国和意大利的许多岩洞的壁上刻画着许多奇怪的标记，样子同飞碟的形状相仿。专家们已知的类似岩洞有拉兹卡岩洞、阿尔塔米拉岩洞及埃比斯岩洞等。这些地方至今已发现有近2000多个类似的标记，都是石器时代留下的。

人们曾在智利的热带丛林中找到过一个金属球，其直径有1米，重量约有3吨。而且它的成分是谁也不知道的化合物。奇怪的是金属球光滑的表面，无论用火烧，用酸液浸，还是用刀切削都毫无影响。智利科学院院长拉莫斯·泰尔杰茨博士认为，这一金属球是地外文明代表有意留下的。他们在远古时代就可能到过我们星球，也可能在我们的时代也拜访过我们的星球。

考古学家莲高曾明确提出大西国居民是外星人。这是他根据在乌拉尔找到的金质图表来认定的。在金质的图表中还表明1.5万年前大西洲上曾有过宇宙飞船着陆，其上面有高度发达的类似地球人的生物。这些金质图表在美国保密局存放至今。在这些图上刻有密码符号并标有两处位置。一处标出如何从上埃及到达大西洲帝王坟墓的方位。在图上明显地标出始帝和末代皇帝的陵墓，墓地的位置只能是大致的，它距尼罗河有20～30日的里程。这表明整个墓地位于阿斯旺及西部沙漠绿洲之间。

大西国，难道真的是外星人在地球上的基地？或许是，或许会有其他我们意想不到的答案，无论是什么，我们都需要继续努力的探索，耐心的等待，才会有真确的答案。

▶ 知 识 窗

  1. 香菜是一种伞形花科类植物，富含香精油，香气浓郁，但香精油极易挥发，且经不起长时间加热，香菜最好在食用前加入，以保留其香气。

  2. 当进行高温洗涤或干衣程序时，不可碰触机门玻璃，以免烫伤。拿出烘干的衣物时，要小心衣物上的金属部分，如拉链、纽扣等，以免烫伤。

拓展思考

  1. 北起鸭绿江口，南至北仑河口的省级行政区名称是什么？
  2. 北京至广州沿京广线分布的省级行政区的名称是什么？

百慕大三角之谜

Bai Mu Da San Jiao Zhi Mi

百慕大位于美国北卡罗来纳州正东约 600 千米的海上，其具体的地理位置是指位于大西洋上的百慕大群岛、迈阿密（美国佛罗里达半岛）和圣胡安（波多黎各岛）这三点连线形成的三角地带，面积达 40 万平方千米。风景非常秀丽，然而百慕大之所以出名，不是因为它的美丽，而是由于上世纪这片海域不断传出船只、飞机等偶然失事之多，无与伦比，所以被冠以"魔鬼三角""死亡陷讲""地球的黑洞"等令人战栗的名字。相传，在这里航行的舰船或飞机神秘地失踪后，事后不要说查明原因，就是连一点船舶和飞机的残骸碎片也找不到。以至于最有经验的海员或飞行员通过这里时，都无心欣赏那美丽如画的海上风光，而是战战兢兢，提心吊胆，唯恐碰上厄运，不明不白地葬送鱼腹。

首先让我们了解一下百慕大魔鬼三角名称的由来。美国 19 飞行队在 1945 年 12 月 5 日训练时突然失踪，当时预定的飞行计划是一个三角形，于是人们后来把美国东南沿海的西大西洋上，北起百慕大，延伸到佛罗里达州南部的迈阿密，然后通过巴哈马群岛，穿过波多黎各，到西经 40 线附近的圣胡安，再折回百慕大，形成的一个三角地区，称为百慕大三角区"魔鬼三角"。

※ 百慕大三角脱去神秘外衣的自然风光

在这个地区，已有数以百计的船只和飞机失事，数以千计的人在此丧生。据统计从 1880～1976 年间，约有 158 次失踪事件，其中大多是发生在 1949 年以来的 30 年间，曾发生失踪 97 次，至少有 2000 人在此丧生或失踪。这些奇怪神秘的失踪事件，主要是在西大西洋的一片叫"马尾藻海"地区，为北纬 20°～40°、西经 35°～75°之间的宽广水域。这里有世界著名的墨西哥暖流以每昼夜 120～190 千米流过，且多漩涡、台风和龙卷风。不仅如此，这里海深达 4000～5000 米，有波多黎各海沟，深 7000 米以上，最深达 9218 米。对于这种恐怖的现象，人们做了很多实验和推测，接下来就介绍其中几个比较有代表性的观点：

（1）磁场说。罗盘失灵是在百慕大三角出现的各种奇异事件中最常发生的。这很容易使人把它和地磁异常联系在一起。人们还注意到在百慕大三角海域失事的时间多在阴历月初和月中，这是月球对地球潮汐作用最强的时候。地球的磁场有两个磁极，即地磁南极和地磁北极。但它们的位置并不是固定不变的，而是在不断变化中。地磁异常容易造成罗盘失误而使机船迷航。还有一种看法认为，百慕大三角海域的海底有巨大的磁场，它能造成罗盘和仪表失灵。

（2）黑洞说。黑洞是有着连光也抵抗不了的聚吸力量，它虽看不见，却能吞噬一切物质。不少学者指出，出现在百慕大三角区机船不留痕迹的失踪事件，颇似宇宙黑洞的现象。

（3）次声说。声音产生于物体的振荡。人所能听到的声音之所以有低浑、尖脆之分，这是由于物体不同的振荡频率所致。频率低于 20 次/秒的声音是人的耳朵听不见的次声。次声虽听不见，却有极强的破坏力。百慕大海域地形的复杂性，加剧了次声的产生及其强度。波多黎各海岸附近的海底火山爆发、海浪和海温的波动与变化都是产生次声的原因。

（4）水桥说。有人在太平洋东南部的圣大杜岛沿海，发现了在百慕大失踪船只的残骸，因此有人认为百慕大三角区的海底有一股不同于海面潮水涌动流向的潜流。当然只有这股潜流才能把这船的残骸推到圣大杜岛来；当上下两股潮流发生冲突时，就是海难产生的时候。而海难发生之后，那些船的残骸又被那股潜流拖到远处，这就是为什么在失事现场找不到失事船只的原因了。

这些假说虽然无法解释所有的现象，但是全世界的科学家似乎都不允许百慕大三角的谜继续存在下去。他们运用自己已知的各种知识，去解释发生在百慕大三角的种种怪事。

近年来有很多人都倾向于相信，所谓的百慕大魔鬼三角不过是有心之人为了发展当地的旅游事业而采取的一种手段而已，毕竟百慕大三角由360 多个岛屿组成的群岛，这些岛屿好似圆形的环，躺卧在大西洋上由于百慕大群岛与美洲大陆之间有一股暖流经过，这里气候温和，四季如春岛上绿树常青，鲜花怒放。百慕大又被称为地球上最孤立的海岛，因为它与最接近的陆地也有几百千米之遥，百慕大群岛四周是辽阔的海洋，拥有蓝天绿水，白鸥飞翔，花香四溢的秀丽风景。如此风景宜人的地方大力发展旅游业绝对合适。

但是有关"百慕大三角"的神秘传说经过无数文章、书籍的渲染，越传越神，不仅家喻户晓，甚至连某些专业人士也信以为真。当然不可否认百慕大三角确实发生过飞机失踪的事件，所以"百慕大魔鬼三角"之名是否名副其实，还是让我们拭目以待吧。

▶ **知 识 窗**

1. 相传夏桀时，曾把商汤"囚之夏台"。
2. 我国发明生铁冶炼技术是在春秋后期。
3. 都江堰是闻名世界的防洪灌溉工程，负责这一工程的是李冰。

拓展思考

1. 我国沿长江干流从上游至下游分布的省级行政区的名称是什么？
2. 北回归线从东到西穿过的我国的省有哪些，这些省级行政区的名称是什么？

青少年应该知道的宇宙百科知识

宇宙之天文奇观

第四章

　　大自然造就的美丽往往都是动人心魄的，比如俗称"水食日"的水星凌日，再比如充满浪漫气息的流星，又或是行星联珠的奇观，还有那亦真亦幻的海市蜃楼景象，等等，每一个造物主赐予我们大饱眼福的景象都是那么的美丽又震撼，爱美之心人皆有之，让我们随着文字去领略自然之美吧。

水星凌日

Shui Xing Ling Ri

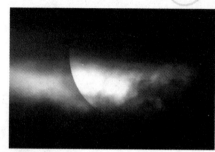

※ 水星凌日

水星中最美的景观为水星凌日，水星凌日俗称为"水日食"。当水星穿越地球与太阳之间的时候，就叫做水星凌日。由于水星仅88天就绕太阳一周，所以这种凌日的情形大约每四个月就有一次。但由于地球并不是静止不动的，水星要超过地球花的时间实际上比88天要多。

此外，由于因为水星的轨道是倾斜的，而且它与地球的轨道也不在一个平面上（地球围绕太阳运转的轨道也被称为黄道圈）。水星的轨道与黄道圈倾斜大约7°。在我们看来，这个倾斜度可能不算什么。但是，要知道太阳系是多么浩瀚的空间和距离，这就使得水星经常从地球和太阳之间的上方或下方掠过。（太阳和地球之间的距离被称为"天文单位"——A.U.，有149，597，870.3千米）水星如果躲在太阳的后面，和地球又同在一条线上，被称为高位交汇点。同样，水星也不会正好处在太阳的后面，要么从上，要么从下，掠过太阳。因此我们100年才能看到12次水星凌日。

水星凌日发生的原理与我们熟知的月食和日食相似。由于水星和地球的绕日运行轨道不在同一个平面上，而是有一个7°的倾角。因此，只有水星和地球两者的轨道处于同一个平面上，而日水地三者又恰好排成一条直线时，才会发生水星凌日。地球每年5月8日前后经过水星轨道的降交点，每年11月10日前后又经过水星轨道的升交点。所以，水星凌日只能发生在这两个日期的前后。

水星凌日发生在5月（降交点）比发生在11月（升交点）少得多。一生中能在5月看到两次水星凌日的人，凤毛麟角。未来四次5月的水星凌日将发生在2049年5月7日，2062年5月11日，2095年5月9日，2108年5月12日。我国要在5月看到水星凌日的全过程，就要等到2108

青少年应该知道的宇宙百科知识

80

年5月12日。因为其余四次水星凌日都发生在夜间，我国不能看到全过程甚至是看不到。

2003年5月的水星凌日在我国可以看到全过程。2003年5月7日的水星凌日，凌始在13时13分，水星刚好接触日面；凌中在15时51分，水星与日面中心相距最近，凌终在18时30分，水星恰好脱离日面。全程历时5小时17分钟。

观察水星凌日必须借助望远镜。通常有投影法和目视法两种方法：前者是通过望远镜，把太阳投影到一张白纸上进行观察；后者是在望远镜的物镜（前方）装上滤光镜，再进行观察。

天文爱好者可以用烧电焊用的黑玻璃，也可以用X光底片或电脑软盘的磁片，几张重叠起来制成眼镜，戴上它用双筒望远镜观察水星凌日。

如何选购双筒望远镜？一是口径（物镜）越大越好，物镜（前镜）直径70毫米的较理想；二是选购多层镀膜的物镜，通常镀绿膜、蓝膜的较好，镀红膜的最差。需要重点指出的是，观察水星凌日，千万不能用肉眼直接看太阳，要注意保护眼睛。

水星在太阳附近神出鬼没，就是专业天文学家也难得一见。水星在八大行星中距离太阳最近，其距离只有5790万千米。因为距离太阳太近，从地球上看，水星常被淹没于太阳的光辉中，这使得人们很难一睹其容颜。只有当水星与太阳的角距离最大，即"大距"时，水星才易被人们观测到。而它凌日的芳容实在美丽，不能见到水星凌日的天文爱好者也能通过照片或者相关视频来了解了。

▶知 识 窗

> 1. 战国时期，煮盐业兴旺，主要产盐地区是齐、燕、魏。
> 2. 秦国通过实行商鞅变法成为战国七雄中实力最强的国家。
> 3. 农民开始注意选种和适时耕种是在战国。

┃拓展思考┃

1. 众多人口给我国的发展带来哪些负担？
2. 人口密度东多西少的分布对我国经济发展有什么影响？

流 星
Liu Xing

流星是分布在星际空间的细小物体和尘粒，叫做流星体。它们飞入地球大气层，与大气摩擦发生了光和热，最后被燃尽成为一束光，这种现象叫流星，人们也称它为扫帚星。有时候你可以看到一道白光飞流而逝，又或者可以看到从天空中一个公共点，有无数亮光四下飞流，这就是壮丽的流星雨现象。后人通常以流星雨起始点所在的星座命名它的名称，如天琴座流星雨（群）、狮子座流星雨（群）等。

中国古人对各种天象观察的很仔细，对流星雨、流星的记载很早就有。中国古代的流星雨纪事达 180 次之多，其中天琴座流星雨记录了大约 10 次，英仙座流星雨大约 12 次，狮子座流星雨大约 7 次。世界上天琴座流星雨最早、最详细的记录，见于中国的《左传》："鲁庄公七年夏四月卯夜，恒星不见，夜中星陨如雨。"鲁庄公七年为公元前 687 年。对于公元461 年南北宋时代出现的一次令人惊心动魄的天琴座流星雨，《宋书·天

※ 猎户座流星雨

文志》做了十分精彩的记述："大明五年……三月，月掩轩辕。……有流星数千万，或长或短，或大或小，并西行，至晚而止。"这些资料都是古人留给我们的一份又一份珍贵的天文史料，对于现代研究流星群轨道的演变，有着重要参考价值。

地球在空间中的运动是不会越出自己的轨道的，但这些流星体却毫无规律，乱跑乱撞，地球每时每刻都会同大量的流星物体相遇，有的小流星体一进入大气层就摩擦发光，在 80～120 千米的高空划出一道白光，便是流星；有的流星光亮大，并带着声音，叫做火流星；有的流星物接连进入大气层，又接连变作白光，叫做流星雨。

说流星会发出声音，恐怕很多人都会非常惊讶，但是在伊西利库尔这座位于俄罗斯辽阔的西伯利亚平原小镇上，一个寒冷的冬夜，城里的大街小巷堆满了积雪。在这片雪原的上空繁星闪烁，四周一片寂静，突然之间，从天宇的某个地方，传来了一声尖锐刺耳的裂帛声。人们翘首远眺，只见一颗璀璨的流星，散射着金黄色的光芒，像箭一般的掠过长空。流星留下了一条长而发亮的轨迹。与此同时，那种裂帛似的声音也随之消失了，小城的雪夜又重归寂静。是的，在这个小镇上，有人听到了流星划过之际发出的声响。

为了研究这种流星发声的奇特现象，俄罗斯著名科学家德拉韦尔特教授收集了大量伴有反常声音的流星资料，并给这种奇怪的流星起了一个确切的名字：电声流星。在德拉韦尔特教授所整理的电声流星纪录表中，有这样几段有趣的记载：1706 年 12 月 1 日，托波尔斯克城的一位居民在流星飞过时，听到了一阵刺耳的"沙沙"声……1973 年 8 月 10 日，鄂木斯克省的格卢沙科夫看到"漆黑的夜空中突然闪出一道白色的电光，照的四周亮如白昼。在流星飞行的 15～18 秒钟期间，一直可以听到嘈杂的响声，好像一只巨大的鸳鹰从高空中猛扑下来一样。

1938 年 8 月 6 日，飞行员卡谢耶夫在鄂木斯克上空看到一颗明亮的橙黄色流星，"它飞到半途中时，传来了刺耳的'吱吱嘎嘎'的响声，好像一颗缺油的车轴在干转"。

著名的通古斯陨星和锡霍特阿林陨星陨落时，许多目击者都听到了类似群鸟飞行的嘈杂声音和蜂群鼓翅的嗡嗡声。这些不寻常的声音在被人们听到之前都走过了大约 50～200 千米的一段距离，最多的可达到420 千米，"正常的"声音大约要经过 21 分钟才能传送到，实际上，等不到它们到达我们的耳边，就会在路途衰减乃至消失了。但是奇怪的是，在许多情形下，电声流星的"信号"甚至还要早于流星本身而率先出现。目击者们往往都是听到声音之后，循声望去，才看见空中出现了流星。

听到流星发声的目击者对流星之声的描述是形形色色，甚至可以说是千奇百怪的——嗡嗡声、沙沙声、啾啾声、辘辘声、刺刺声、淙淙声、沸水声、子弹炮弹火箭飞过时的啸声、惊鸟飞起的扑棱声、群鸟飞起的拍翅声、电焊时的噗噗声、火药燃烧时的哧哧声、噼噼啪啪的响声、气流的冲击声、钢板淬火和枯枝折断时的声响……最让人感到难以理解的是：在同一地区有些人能够听到流星的声音，而另外一些人则什么都没听到。也许下一次在你和朋友看流星时，你听到了流星发出的声音，但是你的朋友却没有听到的事情就会发生。

▶ 知 识 窗

1. 春秋时期最早公布成文法的是郑国。
2. 秦朝的式，是关于案件的调查、勘验、审讯等程序的文书程式。
3. 秦朝的判案成例叫做廷行事。

■■■■ 拓展思考 ■■■■

1. 我国少数民族分布的特点是什么？
2. 请按照走向不同列出我国主要山脉的名称。

青少年应该知道的宇宙百科知识

英仙座流星雨

Ying Xian Zuo Liu Xing Yu

英仙座流星雨几乎从来没有在夏季星空中缺席过，而且数量非常的多，是最有名的流星雨之一，它每年固定时间会稳定的出现，是最活跃、最常被观测到的流星雨，也是对非专业流星观测者来说最好的流星雨，为全年三大周期性流星雨之首。流星体虽然都非常小，但是由于其每秒可达 60 千米的惊人速度，所以对于宇宙飞船或卫星仍有潜在的危险性。但是流星雨对地面上的人或物则不具危险，因为在 100～160 千米的高空中，这些流星体便已燃烧殆尽。

英仙座由于希腊神话中的英雄波修士而得名，在星空图上，波修士手持女蛇妖美杜莎的人头，傲立于天空的东北方。在西方它又被称为"魔星"。英仙座流星雨最早的历史记录出现在公元 36 年的中国史籍中，记录了超过 100 颗流星，日本和韩国也分别在 8～11 世纪有详细的记载，但 12～19 世纪则只有零星记录。1911 年更降到只有 4 颗，1912 年也只有 12 颗。正当人们怀疑英仙座流星雨是否已经"寿终正寝"时，接下来的几年它却又恢复正常，并在 1920 年意外地发生大爆发，达到每小时 200 颗以上。

人们早在 1862 年就发现了英仙座流星雨母体——斯威夫特·塔特尔彗星，它绕太阳一圈需要 130 年。地球穿越斯威夫特·塔特尔彗星瓦解后残留的碎石带密集区，每小时有成百上千的彗星残片袭击地球，其中约百余颗以流星的形式掠过大气层而形成流星雨。由于这些流星从英仙座方向飞来，因此被称为"英仙座流星雨"。

※ 英仙座流星雨

英仙座流星雨在高潮时平均 1 小时可以出现 30～60 个流星，是其一年中最大的活跃期。高潮的前后数日，每小时也可以出现 10 个以上。由于正值暑假，夜间气温也比较高，因此也被称为最为容易观测的流星雨之一。

英仙座流星雨速度快，属于高速流星群，流星速度高达平均每秒59千米，其中45％有尾迹。而且可能在流逝中途越发明亮，容易形成流星痕。

观测英仙座流星雨有一些注意事项：首先是安全问题是第一位，包括交通安全和观测时的安全。坚决不开夜车，不疲劳驾驶，要在白天抵达观测地，并探明周边环境；其次，是哪怕是在夏季，夜晚的温度也会偏低，一定要注意保暖，在冬季就不用说了，后半夜的温度非常低，欣赏流星雨要从头到脚用厚衣服来"武装"；再次，不要忘记休息，看流星雨时采取坐和躺的姿势就能减轻疲劳，椅子和防潮垫是必需品。同时还需要适时补充食物和热水；最后要选择好的观测地点，要远离城市灯光污染，且海拔较高的地方。

▶ 知 识 窗

1. 书法开始成为一种艺术，是在东汉末年。
2. 晏殊被后人评为"疏隽开子瞻，深婉开少游"。
3. 最早制作漆器的国家是中国。

| 拓展思考 |

1. 说说四大高原的地表形态特征是什么？
2. 想一想四大盆地地理位置、海拔高度、面积大小？

青少年应该知道的宇宙百科知识

行星合月和双星伴月

Xing Xing He Yue He Shuang Xing Ban Yue

行星和月亮运行到同一经度上，两者距离达到最近，这一天象叫行星合月。尽管一年中行星合月的现象会发生多次，但并不是每次都能看到，发生圆月会木星的几率更低，几乎只有1/30。

通过前边的描述我们知道，土星是肉眼可见的大行星中离地球最远的，在望远镜中，其外形像一顶草帽，光环很宽但很薄。由于土星前段时间刚刚冲日，所以在未来一段时间内，土星都将在傍晚出现在东方天空，午夜时分达到南中天，黎明前落到西方天空。"土星合月"并非相当罕见的天象。

木星合月也就是木星和月亮正好运行到同一经度上，两者之间的距离达到最近，它是行星合月天象中的一种，因为木星的体积比较大，因此是行星合月天象中观赏效果最好的。木星合月的天象每月都会发生一次，有时甚至是两次，但由于天气等方面的原因，并不是每次我们都能看到，特

※ 金星合月

别是发生圆月会木星的景象几率就更低了。

关于金星前面我们已经做了介绍，它是夜空中最亮的一颗星，也是距离地球最近的行星，中国古代称它为"太白"，西方称其为爱神"维纳斯"。金星合月顾名思义就是金星和月亮正好运行到同一经度上，两者之间的距离达到最近，它是行星合月天象中的一种，金星合月是行星合月天象中除木星合月外观赏效果较好的。

行星与月亮视赤经相同的时候称为"行星合月"，也就是行星和月亮正好运行到同一经度上，两者距离达到最近。要与行星伴月区别开来，行星与月亮靠得较近，不在同一经度上，就是"行星伴月"。

双星伴月又称"金木合月"，是指金星、木星和月亮同时出现在夜空中。由于距离地球最近的行星——金星在运行中由西向东追赶木星，从而出现"双星伴月"。先是金星追上木星，两者相距最近，然后月亮追上木星。当三者距离最近时，呈现出既是"双星伴月"，又是"三星一线"的特殊天象。

进入 2012 年以后已经出现了两次比较壮观的双星伴月的景象。首先是 2012 年 2 月份的，2 月初开始，金星加速向木星靠近，两颗非常明亮的行星将出现在黄昏西方的天空中，角距越来越小。2 月底，当月相为娥眉月期间，月球也会加入金星和木星的聚会，形成"金木合月"天象。25 日，初四的娥眉月将先接近金星，26 日，月球位于了两颗行星之间，27 日，上演了木星合月。天文专家表示，由于地平高度不高，金木合月非常适合带有地景和人物的创意天文摄影。

※ 双星伴月

2012 年 3 月 15 日，金星和木星相合。相合期间金星的目视星等约为 -4.5 等，木星约为 -2.1 等。天气晴好之时，这两颗亮星如宝石般美丽，似明灯般光亮。随着时间的推移，金星和木星的位置和距离会发生变化，但二者的距离依然很近。3 月 26 日，一弯娥眉月来到这片天区，与金星和木星做伴，形成"双星拱月"的天象美景。这次双星伴月有三个特色：一是月球、金星和木星是夜空中最明亮的天体；二是这 3 个天体相距很近，月亮正位于木星和金星的中间，是名副其实的"双星伴月"；三是还发生了木星、月球、金星依次排成一条直线的天象。

错过了曾经的这种天象不要紧，可以在其他天文爱好者拍摄的照片中欣赏，而且随着天文用具的发展和摄影用品的发展，加上越来越多的天文爱好者，相信接下来会有更多行星合月和双星伴月的美丽图片展示在大家面前。

▶ 知 识 窗

　　1. 秦朝统一文字，规定小篆为官方文字，隶书主要流传于民间。楷书、行书出现于唐朝。

　　2. 法家主张严刑峻法，激化了社会矛盾，造成秦朝的暴政和短期而亡，故迅速衰弱下去。

　　3. 我国发明生铁冶炼技术比欧洲早 1900 年。

|| 拓展思考 ||

　　1. 黄河流经的省级行政区、流经的主要地区、注入的海洋，黄河主要的水电站，主要建在哪些河段，为什么这样做？

　　2. 从自然因素和人为因素方面分析黄河为什么多泥沙？

太阳黑子

Tai Yang Hei Zi

太阳黑子是太阳的光球层上的漩涡状的气流，它们像是一个浅盘，中间下凹，看起来是黑色的。太阳黑子是太阳活动中最基本、最明显的活动现象。一般认为，太阳黑子实际上是太阳表面一种炽热气体的巨大漩涡，温度大约为 4500K（热力学温标单位，就温差而言，1K 等于 1℃）。因为比太阳的光球层表面温度要低（光球层表面温度约为 6000℃），所以看上去像一些深暗色的斑点。太阳黑子虽然颜色较深，但是在观测情况下，与太阳耀斑同样清晰同样显眼。另外，太阳黑子很少单独活动，常常成群出现。

我们的祖先对于天文现象观察了很多，有各种各样的记录，对于与人们息息相关的太阳，更是观察仔细、描述详尽，早在仰韶文化时期，人们

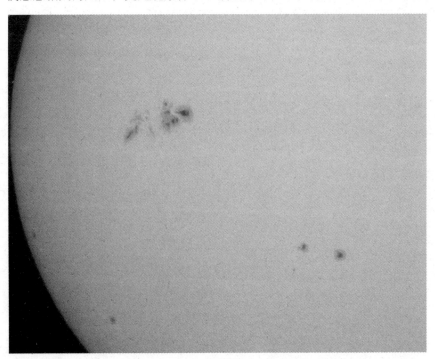

※ 太阳黑子

青少年应该知道的宇宙百科知识

就描绘了光芒四射的太阳形象。进而对太阳上的变化也有记载。在大约公元前 140 年的《淮南子》一书中就有对太阳黑子的形象描述。在《汉书·五行志》中还有"汉元帝永光元年四月……日黑居仄，大如弹丸"的描述（永光元年即公元前 43 年）。这一记载指的就是在太阳边缘有大小如同弹丸、成倾斜形状的太阳黑子。

载于《汉书·五行志》中的河平元年（即公元前 28 年）3 月出现的太阳黑子的记录，是现今举世公认的最早的太阳黑子纪事的记载。文中写到："河平元年……三月已未，日出黄，有黑气大如钱，居日中央。"这条纪事把黑子出现的时间、位置和大小都描写得一清二楚，对太阳黑子的存在是毋庸置疑的。黑子存在的时间长短不一，有的存在不到一天，有的可存在一月有余，极个别的存在长达半年之久。

太阳是地球上光和热的源泉，它的一举一动，都会对地球产生各种各样的影响。黑子是太阳上物质的一种激烈的活动现象，所以对地球的影响很明显。当太阳上有大群黑子出现的时候，会出现磁暴现象使指南针会乱抖动，不能正确地指示方向；平时很善于识别方向的信鸽会迷路；无线电通讯也会受到严重阻碍，甚至会突然中断一段时间，这些反常现象将会对飞机、轮船和人造卫星的安全航行、还有电视传真等方面造成极大的威胁。

黑子还会引起地球上气候的变化。100 多年以前，一位瑞士的天文学家就发现，黑子多的时候地球上气候干燥，农业丰收；黑子少的时候气候潮湿，暴雨成灾。我国的著名科学家竺可桢也研究提出，凡是中国古代书上对黑子记载得多的世纪，也是中国范围内特别寒冷的冬天出现得多的世纪。还有人统计了一些地区降雨量的变化情况，发现这种变化也是每过 11 年重复一遍，很可能也跟黑子数目的增减有关系。

黑子数目的变化甚至会影响到我们的身体，人体血液中白血球数目的变化也有 11 年的周期性。而且一般的人在太阳黑子少的年份，感到肚子饿的较快，小麦的产量较高，小麦的蚜虫也较少。而研究地震的科学工作者发现，太阳黑子数目增多的时候，地球上的地震也多。地震次数的多少，也有大约 11 年左右的周期性。植物学家也发现，树木的生长情况也随太阳活动的 11 年周期而变化。黑子多的年份树木生长得快，黑子少的年份就生长得慢。

虽然太阳黑子的现象以及它带来的一些影响人们已经都有所了解，但是太阳黑子的成因在天文学界一直众说纷纭。有人说黑子可能是太阳的核废料（如人类核反应堆的核废料），约 11 年出现一次可能是黑子在太阳里面和表面的上下翻动一次造成的，黑子温度较低应该也是废料的一个证明。还有人认为，由于太阳的聚变作用，热核反应区周边的物质向内补充，在半径为 0.75R 处物质补充速度比其周围更快，由于角动量守恒，此处运动速度比周围快，产生摩擦。由于质子与电子所受摩擦不同，所以运动的相对速度不同，产生电流，进而产生管状磁场，管内气压＋磁压＝管外压强，所以管内气压＜管外压强。根据克拉伯龙方程（pV＝nRT）管内温度＜管外温度。因为此结构密度小于周围物质，所以漂浮到对流层表面，形成黑子。总之，太阳黑子的成因众说纷纭，但无论太阳黑子成因究竟是什么，由于太阳和人类息息相关，相信人们一定会把这个问题弄清楚的。

▶ 知 识 窗

1. 商鞅变法在社会经济方面对后世影响最深远的是重农抑商的政策。

2. 先秦时期，我国农业生产技术上的农用动力革命是指牛耕的出现。

3. 春秋时期最早公布成文法的是郑国。

▌拓展思考▐

1. 想一想黄河灾害以及它的成因？

2. 治理黄河的关键是什么，怎么开发黄河，治理黄河的水患，在上、中、下游的侧重点有什么不同，应分别采取什么措施？

青少年应该知道的宇宙百科知识

◎计图五星联珠

所谓五星联珠，就是我们地球的姐妹——金、木、水、火、土五大行星，齐齐汇聚在金牛座媲美争辉的景象。从地球上看，这一景象犹如一串璀璨的珍珠，撒落在夜幕降临的天穹里。天文学者解释，"五星联珠"是以地球为中心，金木水火土位于太阳的一侧，人们向夜空望去，五大行星的张角小于60°，并能被肉眼观察到。地球、火星和土星依次连成一条直线。从地球上看，火星和土星在天空中位于同一条经线上，并且两者相距最近。

为何会出现"五星联珠"呢？专家解释说，我们的太阳系以太阳为中心，八大行星是围绕太阳公转的。水星离太阳最近，运行速度最快，88天就公转一圈。冥王星离太阳最远，运行速度最慢，248年才公转一圈。从地球上看，各行星时远时近，时东时西，时合时分，时聚时散。当五大行星进入我们视野的张角小于60°时，就会出现"五星联珠"的有趣天象。

历史上总是把政权更迭或者天灾人祸与种种天象联系起来。比如中国史上记载最早的一次五星联珠出现在西元前206年，古籍《马王堆帛书》记载：（汉高祖）元年冬十月，五星聚于东井，沛公至霸上。当时五大行星就在东井（二十八宿之一）附近，刘邦推翻秦二世胡亥建立汉朝。但根据考证，当时汉高祖自立为王时，五星连珠尚未出现，实际上于西元前205年7月才发生，约比刘邦登基晚了10个月，乃有心人士借此传达"真命天子的天意"。事实上，历史上不止一次有心人士把这些巧合联系起来。

据统计，从1901～2100年，至少有15次"五星聚"和"七星聚"。在我国，古人认为，"五星连珠"出现是吉祥好景之兆。然而天文学家认为，"五星连珠"与社会的兴衰福祸和气候的冷暖旱涝无关。美国科学家根据天文运动计算出，下一次"五星联珠"或者说"七星联珠"将在2040年9月9日北京时间中午12时出现。

◎七曜同宫

"七曜同宫"又叫"七星聚","七曜"是指离地球最近的"日月金木水火土"七颗亮星。"曜"字的意思是明亮的样子，日、月及另外五颗行星都可称之为曜。定历法的人就将日、月、水、火、木、金、土这七颗星拿来分别代表一周内七天的名称，日曜日是星期日；月曜日是星期一；火曜日是星期二；再依序水、木、金、土，一直到星期六。而此七星因为运行而集中在由地球望去的同一星座之某一小范围内，就称为"七曜同宫"。行星绕日公转都在黄道面附近，从地球望去，它们有可能在黄道附近排列成阵，也有可能会聚成群。日食、水星或金星凌日、金星合月、火星合木星等，都是"合"的天象。天文学上将三个或三个以上的行星很接近的天象，叫做"行星会聚"。

但是此类天象的发生频率不但很小而且不容易观察到，它的出现与各行星之间呈现的最大分离角度有密切关系，如果我们希望看到的分离角度越小，那么出现的频率自然就越少。如果分离角度限定在23°以内的话，那么1000年约可发生25.8次。距离现在最近的一次就在2000年的5月初，七曜曾经会聚在白羊座和金牛座之间的26°天空中，但很遗憾我们不能直接看到这样整体壮观的景观，因为太阳正处在这次目视会聚的中央位置，它的强光遮住了行星的光芒，只能在日落后或日出前看见其中一边。

西方和中国一样也会出现天象与人事的预告之说。纳粹德国的黑斯是希特勒的知己。1941年元月，德国控制了欧洲的大部分，然而英国的战事却陷入苦战，德国多位将领欲与英国议和。黑斯的幕僚是业余的占星家，他告诉黑斯5月10日发生行星会合的天象，太阳、水星、金星、木星、土星和天王星都将位于金牛座80°的范围内，是一个在国外旅行的吉祥日，显示此次危机期间对德国有利。黑斯看准这次机会想扮演调解者，他计划飞到英国会晤英王乔治六世或邱吉尔首相，希望这样的协商能够免去战争。但是黑斯的措施不但失败了，而且害死了300～1000个德国占星家。

下一次的"七曜同宫"的现象将发生在2040年的9月9日，天文爱好者不可错过的一次难得的机会，希望看到这本书的读者如果有心，就早些做准备，届时大家看看七曜同宫的天象，也可以多观察天象对人类的影响，用照片视频记录这几十年一见的天象，用文字记录天象给人类带来的影响，以供后来人得到好的资料去了解这一天象。

◎九星联珠

九星，指的是太阳系中的八大行星和冥王星。依从太阳由近及远的次序，它们是水星、金星、地球、火星、水星、土星、天王星、海王星和冥王星。此九颗行星在围绕太阳旋转中，有时可能走在太阳一侧一个比较小的区域内，这就是"九星联珠"的现象。因为九颗行星围绕太阳公转的轨道平面并不与地球轨道平面共面，所以，很难有九星成串排列的时候。九星联珠在天文学上的叫法是"九星会聚"。

※ 九星联珠模拟图

天象是会给地球带来一定的影响，但是对人世间的政权更迭天子之像必然没有什么联系，只能是在客观上影响地球。太阳系的天体最明显的交互作用现象就是潮汐力，地球受到月亮的万有引力，因为地球两端与月亮的距离不同造成引力大小不同，其引力差就是"潮汐力"，最常见的现象是地球面向月亮的一面海水涨潮，背对月亮的一面也因为引力差而涨潮，两头涨潮形成椭圆状或橄榄状。此力的大小与起潮天体的质量成正比，而与天体之间的距离立方成反比。

经计算月球对地球的潮汐力大约是太阳对地球的2.1倍，八大行星对地球潮汐力的总和约是月球对地球的潮汐力的0. 1‰，其中金星因为离地球最近，占八大行星总和的87%，木星虽然质量大，但距离远，只占10%，其他的影响就更小了。因此就算八大行星与太阳都排成一直线，万分之一个月球对地球的潮汐力，忽略的话，则与平常没有两样，不忽略的话，海水顶多可以多涨高0.04毫米。

从历史的角度来看，九星联珠包括五星联珠七星联珠，都不会对地球有威胁性。因为地球一直好好的，从潮汐力的角度来看，似乎也未出现任何端倪，因为月球对地球的潮汐力万分之一实在成不了气候。历史上的"天意"，相信真的只是巧合，不会造成实质意义上的影响。

现在流行的穿越小说总是说趁着某种天象如九星联珠到了另外一个时空，那么在公元前3001年到公元3000年，这6000年间行星合聚的情况如何呢？科学家告诉我们，θ角在5°以下的"六星联珠"发生49次，"七星联珠"3次，"八星联珠"以上的情况没有或不会发生。如果把θ角扩大到 10°，"六星联珠"有 709 次，"七星联珠"有 52 次，"八星联珠"有 3 次。而真正的"九星联珠"，得把 θ 角扩大到 15°，才会出现，但即使这样，"九星联珠"在 6000 年间也只发生一次，这就是 2149 年 12 月 10 日发生的"九星联珠"，θ 角是 14.8°，在小说中动不动就出现的"九星联珠"现象只能是作者的想象而已。

▶ 知 识 窗

1. 汉代张骞出使西域，从而促进了中外的交流。
2. 汉代金屋藏娇的皇帝是汉武帝。
3. 三国时期被赋予医圣之名的是张仲景。

| 拓展思考 |

1. 长江流经的省级行政区、流经的主要地形区，主要支流，主要水电站和水利工程？
2. 长江的灾害和成因及其治理措施？

青少年应该知道的宇宙百科知识

Ri Shi

日食，又称日蚀，在月球运行至太阳与地球之间时发生。这时对地球上的部分地区来说，月球位于太阳前方，因此来自太阳的部分或全部光线被挡住，因此看起来好像是太阳的一部分或全部消失了。日食只在朔，即月球与太阳呈现合的状态时才会发生。日食分为日偏食、日全食、日环食。但是要提醒大家注意的

※ 日偏食

是，观测日食时不能直视太阳，否则会造成失明。我国有世界上最古老的日食记录，公元前一千多年已有确切的日食记录。

由于月球比较小，它的本影也比较小而短，因而本影在地球上扫过的范围不广，时间不长，所以无论是日偏食、日全食或日环食，时间都是很短的。在地球上能够看到日食的地区也很有限。由于月球本影的平均长度（373293 千米）小于月球与地球之间的平均距离（384400 千米），就整个地球而言，日环食发生的次数多于日全食。

日全食发生时，根据月球圆面同太阳圆面的位置关系，可分成 5 种食象：

（1）初亏。是第一次"外切"，是日食的开始。日食时月球追上太阳。月球东边缘刚刚同太阳西边缘相"接触"时叫做初亏。

（2）食既。从初亏开始，月亮继续往东运行，太阳圆面被月亮遮掩的部分逐渐增大，阳光的强度与热度显著下降。当月面的东边缘与日面的东边缘相内切时，称为食既。

（3）食甚。是太阳被食最深的时刻，月球中心移到同太阳中心最近；日偏食过程中，太阳被月亮遮盖最多时，两者之间的位置关系；日全食与日环食过程中，太阳被月亮全部遮盖而两个中心距离最近时，两者之间的位置关系。也指发生上述位置关系的时刻。

（4）生光。月球西边缘和太阳西边缘相"内切"的时刻叫生光，是日全食的结束；从食既到生光一般只有二三分钟，最长不超过七分半钟。食甚后，月亮相对日面继续往东移动。

（5）复圆。生光后大约一小时，月球西边缘和太阳东边缘相"接触"时叫做复圆，从这时起月球完全"脱离"太阳，日食结束。

日全食与日环食都有上述 5 个过程，日偏食则没有食既、生光，只有初亏、食甚、复圆 3 个过程。

日全食之所以受重视，更主要的原因是它的天文观测价值巨大。科学史上有许多重大的天文学和物理学发现是利用日全食的机会做出的，而且很多都是通过这种机会才行。最著名的例子是 1919 年的一次日全食，证实了爱因斯坦广义相对论的正确性。爱因斯坦 1915 年发表了在当时看来是极其难懂、也极其难以置信的广义相对论，这种理论预言光线在巨大的引力场中会拐弯。人类能接触到的最强的引力场就是太阳，可是太阳本身发出很强的光，远处的微弱星光在经过太阳附近时是不是拐弯了，根本看不出来。但如果发生日全食，挡住太阳光，就可以测量出来光线拐没拐弯、拐了多大的弯。机会在 1919 年出现了，但日全食带在南大西洋上，很遥远，也很艰苦。英国天文学家爱丁顿带着一支热情和好奇心极强的观测队出发了。观测结果与爱因斯坦事先计算的结果十分吻合，从此相对论得到世人的承认。

所以，无论日食是否会对我们的生活有直接的影响，我们都要重视起日食这一现象，它不仅仅是一种自然现象，它更是带动了科学的发展，同时还是一种人文凝聚力的推动力量。因日食而衍生出的各种文化有许多，最常见的"天狗""天宫"等。

> **知 识 窗**
>
> 1. "成者为王，败者为寇"说的是楚汉之争。
> 2. 书法成为一种艺术，开始于东汉末年。
> 3. 祖冲之推算出圆周率精确数值，比欧洲早 1000 多年。

｜拓展思考｜

1. 我国高温多雨同期，水热配合好，对农业生产有什么好处？
2. 气温和降水量的变化对人们的饮食、建筑、民俗等方面有哪些影响？

太阳耀斑

Tai Yang Yao Ban

同太阳黑子一样，太阳耀斑周期约为 11 年，这是一种最剧烈的太阳活动。通常认为发生在色球层中，所以也叫"色球爆发"。其主要观测特征是，日面上（常在黑子群上空）突然出现迅速发展的亮斑闪耀，其寿命仅在几分钟到几十分钟之间，特别是在耀斑出现频繁且强度变强的时候，亮度上升迅速，下降较慢。

※ 太阳耀斑

一般把增亮面积超过 3 亿平方千米的称为耀斑，而面积小于 3 亿平方千米的则叫亚耀斑。随着不断的研究，天文学家又将耀斑分为：光学耀斑和 X 光耀斑。前者是一种发射可见光增强辐射，并可用单色光观测到的耀斑；后者是用 X 光观测到的白光耀斑：在白光照片上可以看到，这种耀斑极为罕见。

耀斑释放出的能量可以说是惊天动地，相当于地球上十万至百万次强火山爆发的能量总和。耀斑产生在日冕的低层，下降到色球层。耀斑与太阳黑子存在密切关系，在大的黑子群上面，很容易出现耀斑。小型耀斑伴随着太阳黑子的出现经常能见到；但特大耀斑只有在太阳活动峰年时才可能出现。

太阳对太阳系而言是一个有着巨大影响并占支配地位的天体。它的直径达 140 多万千米，是地球直径的一百多倍；质量占整个太阳系的 99.8％。要用一百多个地球才能填满太阳的圆面，而它的内部则能容纳大约 130 万个地球。太阳的年龄已有 50 亿岁，正处在它一生中的中年时期。作为太阳系的中心，地球上所有生物的生长都直接或间接地需要它所提供的光和热。太阳内核的温度高达 1500 万℃，在那里发生着氢—氦核聚变反应。核聚变反应每秒钟要消耗掉约 500 万吨的物质，并转换成能量以光子的形式释放出来。这些光子从太阳中心到达太阳表面要花 100 多万年。

光子从太阳中心出发后先要经过辐射带，沿途在与原子微粒的碰撞丢失能量。随后要经过对流带，光子的能量被炽热的气体吸收，气体在对流中向表面传递能量。到达对流带边缘后，光子已经冷却到 5 500℃了。

我们所能直接观测到的是位于太阳表面的光球层。光球层比较活跃，温度约为 6000℃，属于比较"凉爽"部分。光球层外包裹着色球层，太阳将能量通过色球层向外传递。这一层中有太阳耀斑，所谓耀斑是黑子形成前产生的灼热氢云。色球层之外是太阳大气的最外层日冕。日冕非常庞大，可以向太空绵延数百万千米，但只有在日全食时才可看到它。人们可以在日冕中看到从色球层顶端产生的巨大火焰"日饵"。

流传甚广的玛雅人的预言，2012 年人类灭亡或者说人类新纪元，太阳耀斑会不会也是其中一个促成因素，我们不得而知。科学家预计太阳活动将达到史无前例的高峰期，既在 2011 年的太阳周期中太阳黑子最多而且太阳活动力最强的时期。所以我们可以预见到那时将发生大量的太阳活动。一些科学家预测，第 24 个太阳活动周中的太阳极大期可能比之前 2002～2003 年的高峰期释放更多的能量。太阳物理学家为即将发生一轮太阳活动而激动，一些新型的科学预测方法和监测工具已经被派上用场。

由太阳所喷发出的巨大的、毁灭地球性质的太阳耀斑，对于那些凶兆预知者和不明科学知识的人极具吸引力。但是让我们从对太阳耀斑效应的研究中看看吧，你就会发现事实上，我们的地球状态非常之好。但愿我们的地球会越来越好吧。

▶ 知 识 窗

1. 把生铁和熟铁合炼成钢的灌钢法是在魏晋南北朝时期。
2. 纸逐渐取代简牍，成为最主要的书写材料是在魏晋南北朝时期。
3. 魏晋南北朝时，江南经济开发中，最发达的地区是三吴地区。

拓展思考

1. 夏季风过强或过弱会给长江流域地区带来什么样的天气变化？
2. 寒潮、台风等灾害性天气的危害特点与预防措施？

青少年应该知道的宇宙百科知识

彩虹

Cai Hong

彩虹，又称天虹，简称虹，是气象中的一种光学现象，雨后常见。是当太阳光照射到空气中的水滴，光线被折射及反射，在天空上形成拱形的七彩光谱。形状弯曲，色彩艳丽。东亚国家对于七色光的最普遍说法是（从外至内）：红、橙、黄、绿、青、蓝、紫。

※ 彩虹

阳光射入水滴时会同时以不同角度入射，在水滴内也以不同的角度反射，其中以 40°～42° 的反射最为强烈，造成我们所见到的彩虹。造成这种反射时，阳光进入水滴，先折射一次，然后在水滴的背面反射，最后离开水滴时再折射一次。因为水对光有色散的作用，不同波长的光折射率不同，蓝光的折射角度比红光大。由于光在水滴内被反射，所以观察者看见的光谱是倒过来，红光在最上方，其他颜色在下。

你可能会在太阳下看到喷泉的某处有彩虹的出现，其实只要是空气中有水滴，而阳光正在观察者的背后以低角度照射，便可能产生可以观察到的彩虹现象。彩虹最常在下午雨后刚转天晴时出现。这时空气内尘埃少而充满小水滴，天空的一边因为仍有雨云而较暗。而观察者头上或背后已没有云的遮挡而可见阳光，这样彩虹便会容易被看到。另一个经常可见到彩虹的地方是瀑布附近。在晴朗的天气下背对阳光在空中洒水或喷洒水雾，亦可以人工制造彩虹。

空气里水滴的大小，决定了虹的色彩鲜艳程度和宽窄。空气中的水滴大，虹就鲜艳，也比较窄；反之，水滴小，虹色就淡，也比较宽。我们面对着太阳是看不到彩虹的，只有背着太阳才能看到彩虹，所以早晨的彩虹出现在西方，黄昏的彩虹总在东方出现。不过只有乘飞机从高空向下看，才能见到。一般冬天的气温较低，在空中不容易存在小水滴，下阵雨的机会也少，所以冬天一般不会有彩虹出现。虹的出现与当时天气变化相联系，一般我们从虹出现在天空中的位置可以推测当时将出现晴天或雨天。东方出现虹预示着不大容易下雨，而西方出现虹则预示着下雨的可能性很大。

很多时候会见到两条彩虹同时出现，在平常的彩虹外边出现同心，但较暗的副虹（又称霓），这是一种特殊的彩虹现象。在水滴内经过一次反射的光线，便形成我们常见的彩虹（主虹）。若光线在水滴内进行了两次反射，便会产生第二道彩虹（霓）。因为有两次的反射，霓的颜色排列次序跟主虹是相反的。由于每次反射均会损失一些光能量，因此霓的光亮度亦较弱。两次反射最强烈的反射角出现在 $50°\sim53°$，所以副虹位置在主虹之外。副虹其实一定跟随主虹存在，只是因为它的光线强度较低，所以有时不容易被肉眼察觉而已。

晚虹是另外一种罕见的现象，在月光强的晚上可能出现。由于人类视觉在晚间低光线的情况下难以分辨颜色，故此晚虹看起来好像是全白色的。

早在中国唐代时，精通天文历算之学的进士孙彦先（孙思恭）便提出"虹乃与中日影也，日照雨则有之"的说法，已解释了彩虹乃是水滴对阳光的折射和反射。欧洲随后也有了对彩虹的科学解释。但是，自然现象在人类的作用下，往往会不再是单纯的自然现象，而含有另外的含义，女娲五彩石补天；希腊神话中，彩虹是沟通天上与人间的使者；在藏传佛教当中，有一种与密宗修行有关的神秘现象，被称为"虹化现象"，指的是，极少数有大圆满修行境界的人在临终的时候，身体会化成一道彩虹消失在空中。虽然被附会出来的意义有些牵强，但是这反而从侧面反映出彩虹的美丽，显示了大自然造化的魅力。

▶知识窗

1. 周敦颐、邵雍、张载、程颢、程颐被称为北宋五子。
2. 蒙古四大汗国中位居最北的是钦察汗国。
3. 蒙古四大汗国中疆域面积最大的为钦察汗国。

|拓展思考|

1. 人们利用阳光、水、森林、矿产可以干吗？人们还可以利用自然界的哪些资源？
2. 自然资源与人类的关系是什么？

海市蜃楼

Hai Shi Shen Lou

海市蜃楼是一种自然现象，是地球上物体反射的光经大气折射而形成的虚像，也称蜃景。平静的海面、大江江面、湖面、雪原、沙漠或戈壁等地方，偶尔会在空中或"地下"出现高大楼台、城郭、树木等幻景，这些就是海市蜃楼。当近地面的气温剧烈变

※ 海市蜃楼

化，会引起大气密度很大的差异，远方的景物，在光线传播时发生异常折射和全反射，从而造成蜃景。我国山东蓬莱县，常可见到渤海的庙岛群岛幻景，素有"海市蜃楼"之称。古人归因于蛟龙之属的蜃，吐气而成楼台城郭，因而得名。海市蜃楼是一种因光的折射而形成的自然现象。

海市蜃楼是近地面层气温变化大，空气密度随高度强烈变化，光线在铅直方向密度不同的气层中，经过折射进入观测者眼帘造成的结果。常分为上现、下现和侧现海市蜃楼。其实，宇航员在太空旅行过程中看到被放大的地球景物，这种现象有时也被称为海市蜃楼！

蜃景常在海上、沙漠中产生。蜃景的种类很多，根据它出现的位置相对于原物的方位，可以分为上蜃、下蜃和侧蜃；根据它与原物的对称关系，可以分为正蜃、侧蜃、顺蜃和反蜃；根据颜色可以分为彩色蜃景和非彩色蜃景等等。

海市蜃楼是在物质的运动下，是另外空间的真实场景在我们这个空间里反映。一种海市蜃楼发生在海上。这里空气湿度大，在一定范围之内的空间空气湿度比较大，另外厚度比较大，这样大面积的水蒸气在运动下阴差阳错地就能形成一个巨大的透镜系统。就像一个巨大的放大镜和显微镜，把微观世界的另外空间的景象反映到我们的空间来了，人眼就能观察到了。

另外，有时人们看到的海市蜃楼的景象是运动的，因为空间的物质就

是运动的。在沙漠或其他地方，如果物质在运动也能形成一个巨大的微观观测系统，人们就可以观测到另外空间了，也就是人们所说的海市蜃楼。海市蜃楼也经常发生在雨后，这时的空气湿度较大，容易形成透镜系统。

史书记载《史记·封禅书》："自威、宣、燕昭，使人入海求蓬莱、方丈、瀛洲。此三神山者，其传在勃海中，去人不远，患且至，则船风引而去。盖尝有至者，诸仙人及不死之药在焉，其物禽兽尽白，而黄金白银为宫阙。未至，望之如云；及到，三神山反居水下；临之，风辄引去，终莫能至。"说的应该是一种海市蜃楼的景象。

自古以来，人们总是将自然景象与人事相连，奇妙的蜃景也不例外。在西方神话中，蜃景被描绘成魔鬼的化身，是死亡和不幸的凶兆。我国古代则把蜃景看成是仙境，秦始皇、汉武帝曾率人前往蓬莱寻访仙境，还多次派人去蓬莱寻求灵丹妙药。通过上面的例子大家了解到蜃景就是地球上物体反射的光经大气折射而形成的虚像，所谓蜃景就是光学幻景。也许有人会说，所谓的大气折射现象解释说，不过是现在科学家的一种说法，因为有些蜃景人们从来没有找到过这些地方，可能根本就不属于地球，所以事实上海市蜃楼也是人们解释不了的现象之一，这是仁者见仁之事，可能将来某一天，你会发现海市蜃楼真的另有其因，当然这个需要时间，可能也需要更高的技术甚至是更高的文明，毕竟在这个复杂的大千世界里，一切皆有可能。

▶知识窗

1. 米饭若烧糊了，赶紧将火关掉，在米饭上面放一块面包皮，盖上锅盖，5分钟后，面包皮即可把糊味吸收。
2. 最早规定"重罪十条"的法典是北齐律。
3. 汉朝把起诉称为告劾。

拓展思考

1. 我国主要的土地利用类型有哪些？
2. 我国土地资源利用中主要存在哪些问题，如何解决？

宇宙间的自然景观

第五章

YUZHOUJIANDEZIRANJINGGUAN

　　不得不再一次感叹自然的魅力，人类也应该庆幸，因为我们是如此荣幸可以看到这么多的自然景观，可以去亲自体会它们的美好，珠峰的雄伟，钱塘潮的壮观，神农架的神秘，死海的神奇，大堡礁的美丽，撒哈拉沙漠的奇险……每一个自然景观都各具特色，每一个都让人神往甚至是流连忘返，再次感叹造物主的神奇吧！

珠穆朗玛峰

Zhu Mu Lang Ma Feng

珠穆朗玛峰位于中华人民共和国和尼泊尔交界的喜马拉雅山脉之上，简称珠峰，又意译作圣母峰，尼泊尔称为萨加马塔峰，也叫"埃非勒斯峰"。终年积雪，高度 8844.43 米，为世界第一高峰，世界上第一次登上珠峰的人是埃德蒙·希拉里和丹增·诺盖，他们于 1953 年 5 月 29 日登上珠峰。北麓中国境内的山路非常艰险，直到 1960 年才终于有三名中国人第一次从北麓登上了珠峰，他们分别是王福洲、贡布、屈银华。同时珠峰也是中国最美的、令人震撼的十大名山之一。

经过沧海桑田的巨变，原本为一片海洋的喜马拉雅山地区，在漫长的地质年代，从陆地上冲刷来大量的碎石和泥沙，堆积在喜马拉雅山地区，形成了这里厚达 3 万米以上的海相沉积岩层。以后，由于强烈的造山运

※ 珠穆朗玛峰一角

动，使喜马拉雅山地区受挤压而猛烈抬升，据测算，平均每1万年大约升高20~30米，直至如今，喜马拉雅山区仍处在不断上升之中，每100年上升7厘米。珠峰在2005年的时候由中国探测队测得海拔为8844.43米，峰顶在中国境内，并得到了世界的认可，停用了1975年测得的88.13米的数据。随着时间的推移，珠穆朗玛峰的高度还会因为地理板块的运动，而不断变化，在不久的将来就又要测量珠峰的高度了。

珠穆朗玛峰山体是一个巨型金字塔状，无论从何种角度看都非常雄壮，且地形极端险峻，环境非常复杂。雪线高度为：北坡5800~6200米，南坡5500~6100米。东北山脊、东南山脊和西山山脊中间夹着三大陡壁（北壁、东壁和西南壁），在这些山脊和峭壁之间又分布着548条大陆型冰川，总面积达1457.07平方千米，平均厚度达7260米。珠穆朗玛峰上冰川的补给主要靠印度洋季风带两大降水带积雪变质形成。冰川上有千姿百态、瑰丽罕见的冰塔林，又有高达数十米的冰陡崖和步步陷阱的明暗冰裂隙，还有险象环生的冰崩雪崩区，危险和美丽并存。

珠峰既巍峨宏大又气势磅礴。在它周围20千米的范围内，群峰林立，山峦叠嶂。仅海拔7000米以上的高峰就有40多座，较著名的有南面3千米处的"洛子峰"（海拔8463米，世界第四高峰）和海拔7589米的卓穷峰，东南面是马卡鲁峰（海拔8463米，世界第五高峰），北面3千米是海拔7543米的章子峰，西面是努子峰（7855米）和普莫里峰（7145米）。在这些巨峰的外围，还有一些世界一流的高峰遥遥相望：东南方向有世界第三高峰干城章嘉峰（海拔8585米，尼泊尔和印度锡金邦的界峰）；西面有海拔7998米的格重康峰、8201米的卓奥友峰和8012米的希夏邦马峰。可谓是群峰来朝，峰头汹涌呀。起波澜之势，让人望之即生敬畏之心，当然还不得不说，珠峰也激起了很多人的好胜心，登上珠峰的第一人埃德蒙·希拉里登上珠峰之后就说了句："我们征服了这个狗娘养的"，话虽然粗俗，但却是世界探险家的心声。

相信还有很多的人想要登上珠峰，体会一下站在世界巅峰的感觉，这里就为大家提供一些登珠峰的注意事项。首先要检查一下身体，必须确保可以去登山进藏前睡眠和休息要充足，严重高血压、心脏病的患者不宜登山。然后保持乐观情绪，如有心理负担会加重高原反应，延缓人体适应高原气候，所以心理状态一定要好。高原海拔高日照强烈，早晚温差大，需准备四季服装，同时带好墨镜、太阳帽、防晒霜、润唇膏、感冒药、肠胃药、阿斯匹林、安定等物品，多备高热量的食品，如：巧克力、牛肉干、饼干及个人爱好的零食，简单地说就是做好随身装备。准备好边境证等必需品。适量饮用酥油茶、奶制品和牛羊肉可增强对高原气候的适应能力。

初入高原多休息，多喝水多吃水果，禁烟酒。不要奔跑和剧烈运动。饮食宜有节制，不可暴饮暴食，以免增加肠胃负担。如果是团体登山的话，团队之间一定要和睦相处，在中国境内登山的时候要了解并尊重西藏的文化和宗教信仰。

珠穆朗玛峰这座世界最高峰，仅介绍可能远远不能让人体会到它的雄壮，如果条件允许，一定要去这座美丽而震撼人心的山上或者山脚下领略一下它的芳容。

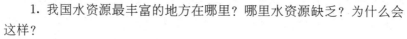

▶知 识 窗

1．"大珠小珠落玉盘"所形容的是琵琶的弹奏声。

2．《孔雀东南飞》里，刘兰芝"十三能织素，十四学裁衣，十五弹箜篌，十六诵诗书"，其中"箜篌"是拨弦乐器。

3．"有板有眼"的"板"是我国传统音乐节奏中的"强拍"。

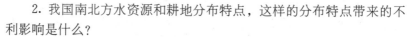

| 拓展思考 |

1．我国水资源最丰富的地方在哪里？哪里水资源缺乏？为什么会这样？

2．我国南北方水资源和耕地分布特点，这样的分布特点带来的不利影响是什么？

青少年应该知道的宇宙百科知识

钱塘江大潮

Qian Tang Jiang Da Chao

钱塘潮指发生在浙江省钱塘江流域，由于月球和太阳的引潮力作用，使海洋水面发生的周期性涨落的潮汐现象。千百年来，钱塘江以其奇特卓绝的江潮，倾倒了一批又一批游人看客。"八月十八潮，壮观天下无。"这是北宋大诗人苏东坡咏赞钱塘秋潮的千古名句。

※ 钱塘江大潮

雄伟壮观的钱塘潮成因除月、日引力影响外，还跟钱塘江口状似喇叭形有关。钱塘江南岸赭山以东近50万亩围垦大地像半岛似地挡住江口，使钱塘江赭山至外十二工段酷似肚大口小的瓶子，潮水易进难退，杭州湾外口宽达100千米，到外十二工段仅宽几千米，江口东段河床又突然上升，滩高水浅，当大量潮水从钱塘江口涌进来时，由于江面迅速缩小，使潮水来不及均匀上升，就只好后浪推前浪，前浪跑不快，后浪追上，层层相叠。此外，还与钱塘江水下多沉沙有关，这些沉沙对潮流起阻挡和摩擦作用，使潮水前坡变陡，速度减缓，从而形成后浪赶前浪，一浪叠一浪，一浪高一浪的涌潮。

钱塘潮有几类潮种，首先是钱塘潮的一线潮。一线潮从来都是未见潮影，先闻潮声。耳边传来轰隆隆的巨响，江面仍是风平浪静。响声越来越大，犹如擂起万面战鼓，震耳欲聋。远处，雾蒙蒙的江面出现一条白线，迅速西移，犹如"素练横江，漫漫平沙起白虹"。再近，白线变成了一堵水墙，逐渐升高，"欲识潮头高几许，越山横在浪花中"。随着一堵白墙的迅速向前推移，涌潮来到眼前，有万马奔腾之势，雷霆万钧之力，势不可挡。凡江道顺直，没有沙州的地方，潮头均呈一线，但都不如盐官好看，所以说，一线潮盐官的最妙。原因是盐官位与河槽宽度向上游急剧收缩之后的不远处，东、南两股潮交会后刚好成一直线，潮能集中，潮头特别高，通常为1～2米，有时可达3米以上。气势磅礴，潮景壮观。

然后是钱塘潮的回头潮。老盐仓的地理环境不同于盐官，盐官河道顺直，涌潮毫无阻挡向西挺进，而老盐仓的河道上，出于围垦和保护海塘的需要，建有一条长达 660 米的拦河丁坝，咆哮而来的潮水遇到障碍后将被反射折回，在那里它猛烈撞击对面的堤坝，然后以泰山压顶之势翻卷回头，落到西进的急流上，形成一排"雪山"，风驰电掣地向东回奔，声如狮吼，惊天动地，这就是回头潮。

再来看交叉潮。钱塘江由于长期的泥沙淤积，在江中形成一个沙洲，将从杭州湾传来的潮波分成两股，即东潮和南潮，两股潮头在绕过沙洲后交叉相抱，形成变化多端、异常壮观的交叉潮，呈现出"海面雷霆聚，江心瀑布横"的壮观景象。两股潮在相碰的瞬间，激起一股水柱，高达数丈，浪花飞溅，惊心动魄。待到水柱落回江面，两股潮头已经呈十字形展现在江面上，并迅速向西奔驰。同时交叉点像雪崩似的迅速朝北转移，撞在顺直的海塘上，激起一团巨大的水花，跌落在塘顶上，十分壮观。距杭州湾 55 千米有一个叫大缺口的地方是观看十字交叉潮的绝佳地点。

紧接着是钱塘潮的半夜潮。每到午夜，江面上就会隐隐传来"沙沙"响声，没错，是涨潮的声音，在蒙蒙的水面上一条黑色素练在浮动，时断时续，时隐时现。片刻之后，声音加骤，潮水夹着雷鸣般的轰响飞驰而来，把满江的月色打成碎银，潮头如千万匹灰鬃骏马在挤撞、在厮打，喷珠吐沫，直扑塘下，犹如十万大军兵临城下。后浪推前浪，在江面形成一垛高耸潮峰，波涛连天，好似冲向九天皓月。场面非常的壮观。

最后是钱塘潮的丁字潮。两股潮是形成了一个'丁'字，不知道如何形成了这样的奇观。"丁字潮"的形成原因目前还在研究。

钱塘江大潮，白天有白天波澜壮阔的气势，晚上有晚上的诗情画意；看潮是一种乐趣，听潮是一种遐想。难怪有人说"钱塘郭里看潮人，直到白头看不足。"每年都会有关于钱塘潮观潮时发生事故的报道，虽然钱塘潮的雄壮让我们为之倾倒，但是一定要注意安全。

▶知识窗◀

1. 在古代，"爵"是一种食器。
2. "白雪公主"这个形象最早来自于安徒生童话。
3. 在"精卫填海"的故事里，"精卫"是指一只鸟。

┃拓展思考┃

1. 怎样解决水资源和土地资源配置不理想的矛盾？
2. 我国年降水量的季节分配与水资源时间分配的关系？

青少年应该知道的宇宙百科知识

神农架

Shen Nong Jia

※ 神农架秋色

神农架风光旖旎，生态环境优美，气候宜人，自然资源丰富，动植物品种繁多，素有"高山盆地"和"天然草场"之美称，被称为世外桃源。位于湖北省西部边陲，东与湖北省保康县接壤，西与重庆市巫山县毗邻，南依兴山、巴东而濒三峡，北倚房县、竹山且近武当，总面积 3253 平方千米，辖 5 镇 3 乡和 1 个国家级森林及野生动物类型自然保护区、1 个国有森工企业林业管理局、1 个国家湿地公园（保护区管理局、林业管理局和湿地公园均为正处级单位），林地占 85％以上，总人口 8 万人。神农架是 1970 年经国务院批准建制，直属湖北省管辖，是我国唯一以"林区"命名的行政区。

"山脚盛夏山顶春，山麓艳秋山顶冰，赤橙黄绿看不够，春夏秋冬最难分"是神农架气候的真实写照。这是因为这里一年四季受到湿热的东南季风和干冷的大陆高压的交替影响，以及高山森林对热量、降水的调节，所以形成夏无酷热、冬无严寒的宜人气候。当南方城市夏季普遍是高温时，神农架却是一片清凉世界。该地区位于中纬度北亚热带季风区，气温偏凉而且多雨，海拔每上升 100 米，季节相差 3～4 天。

经过漫长的时间变迁及世间万物的不断变化，神农架全境随之积累了丰富的自然资源。

首先是生物资源。神农架现有森林面积 1618 平方千米，活立木蓄积量 2019 万立方米，实施"天保工程"后，森林年净增长量 29 万立方米。这里有各类植物 3700 多种。有高等维管束植物 119 科、872 属、2671 种，其中列为国家一二级保护的树种有 39 种。有各类动物 1060 余种，其中两栖类 33 种，爬行类 40 种，兽类 76 种，鱼类 47 种，鸟类 308 种，昆虫 560 种。金丝猴、华南虎、金钱豹、白鹳、白蛇、大鸨等 67 种珍稀野生动物受国家重点保护。神农架可入药的动、植物达 2013 种。所以神农架可谓是名副其实的"物种基因库"、"天然动物园"、"绿色宝库"。其中白化动物和千年相传的"野人"之谜尤为世人瞩目。

其次是旅游资源。神农架地区有保存完好的原始生态与亿万年来形成的亘古地貌，孕育了众多自然景观，境内奇山异石、奇洞异穴、奇花异草、奇兽异鸟无处不在，无所不括。这里山峰瑰丽，清泉甘冽，风景绝妙。神农顶雄踞"华中第一峰"，风景垭名跻"神农第一景"。红坪峡谷、棕峡峡谷、关门河峡谷、阴峪河峡谷雄伟壮观；龙泉瀑、香溪河、大九湖风光绮丽；燕子洞、冷热洞、盛犀牛洞、潮水洞、令人叫绝。神农架独特的生态旅游资源使其成为开展观光揽胜、度假休闲、探险猎奇、体育健身、科学考察、科普教育的理想场所和最佳去处。观原始洪荒之貌，赏幽绿秀野之景，品神农文化之韵，探野人传世之谜，成为神农架吸引人们前去探寻究竟的原因的精准概括。

再次是水能资源。神农架境内地表水资源丰富，沟谷深切，落差较大，是长江和汉水的分水岭，发源于其区内的香溪河、沿渡河、南河、堵河四大水系年地表径流量约 22 亿立方米，水能蕴藏量达 53 万千瓦，近期可供开发的 27 万千瓦，现仅开发 6.8 万千瓦。

最后是矿产资源。神农架全境矿产资源十分丰富，以磷、硅为大宗，磷矿储量逾 1.5 亿吨，且储藏集中，矿体裸露，品位较高，运输便利。

世界各地都有关于"野人"的各种记载。在鄂西北地区也有不少这样的记载，如战国时代，伟大诗人屈原在《九歌·山鬼》诗中写到："若有人兮山之阿，被薛荔兮带女罗。有人声称在神农架见到野人，并将野人的相貌描绘出来：浑身红毛，脚毛发黑；腿又粗又长，脚是软掌；眼像人眼，无夜间反光。脸长，很像马脑壳，嘴略突出，耳较人大些，额有毛垂下；无尾，身长约五尺，体重在二百斤左右。同时在这一带，目击"野人"的群众多达数百人。目击者讲述的情况中，有人看见"野人"在流泪，也有"野人"向"野人"拍手表示友好。几十年来有过上百宗曾经见过"野人"的各界人士的反映，据说有人还收集到不少有关人形动物活动的证据，但是 30 年来始终都没有过与人形动物的正面接触。神农架秀丽的风景下有着这样让人迷惑的现象，更加增加了它的神秘感。

> **知识窗**
>
> 1. 唐代人可以称"父亲"为哥哥。
> 2. "卧薪尝胆"说的是勾践。
> 3. 买椟还珠这则成语是用来比喻有些人只注重事物外表，不重内涵。

拓展思考

1. 长江三峡和黄河小浪底水利枢纽工程在调节水资源，时空分配上有什么作用吗？
2. 我国主要渔场有哪些？为什么这些地方可以成为主要渔场？

马里亚纳海沟

Ma Li Ya Na Hai Gou

马里亚纳海沟（或称马里亚纳群岛海沟）是目前所知最深的海沟，同时也是地壳最薄之处。该海沟地处北太平洋西方海床，关岛附近的马里亚纳群岛东方。其北有阿留申、千岛、日本、小笠原等海沟，南有新不列颠和新赫布里底等海沟。全长 2550 千米，为弧形，平均宽 70 千米，大部分水深在

※ 马里亚纳海沟全景

8000 米以上。马里亚纳海沟是两大陆板块辐辏的潜没地区，太平洋板块于此潜没于菲律宾板块之下。海沟底部于海平面下的深度，远高于我们熟知的世界第一高峰珠穆朗玛峰海平面上的高度。海沟最大深度在斐查兹海渊处，为海平面下 11 034 米。这条海沟的形成据估计已有 6000 万年，是太平洋西部洋底一系列海沟的一部分。

马里亚纳海沟的形成原因是太平洋板块与菲律宾板块相互碰撞，因太平洋板块岩石密度大、位置低，便俯冲插入菲律宾板块之下，进入地幔后逐渐熔化而消失。在发生碰撞的地方就形成了马里亚纳海沟及其他岛弧和海岸山脉。

或许你会想这么深的海沟应该没有生物存在吧？但是生命的存在总是会让你大吃一惊的，潜水员曾在千米深的海水中见到过人们熟知的虾、乌贼、章鱼、枪乌贼，还有抹香鲸等大型海兽类；在 2000～3000 米的水深处发现成群的大嘴琵琶鱼；在 8000 米以下的水层，发现仅 18 厘米大小的新鱼种；在马里亚纳海沟最深处则很少能看到动物了，但是人们还是在万米深的海渊里，见到了几厘米的小鱼和虾，这些小鱼虾，承受的压力接近一吨重，这么大的压力，不用说是坦克了，就是比坦克更坚硬的东西，也会被压扁的。而令人不可思议的是，深海小鱼竟能照样游动自如。一位叫

雅克·皮卡尔探险家在10916米的深海处，发现了许多人类从未见过的深海动物：30厘米长的样子像海参的欧鲽鱼，形状扁平的鱼。在深海这个高压、漆黑、冰冷的世界，居然还有生物悠闲自在地生活着，让他们很是震惊："那趟旅行最有趣的发现是那些从潜水器舷窗外游过的鱼类，我们震惊地发现在那么深的海底，竟然还生活着一些相当高级的海洋生命。"要知道在此之前，科学界已经认定如此之深的海域中绝对不可能有生物存活下来。

深海鱼类为适应环境，为了能承受海底如此巨大压力，它的身体的生理机能已经发生了很大变化。这些变化反映在深海鱼的肌肉和骨骼上。由于深海环境的巨大水压作用，鱼的骨骼变得非常薄；而且容易弯曲；肌肉组织变得特别柔韧，纤维组织变得出奇的细密。更有趣的是，鱼皮组织变得仅仅是一层非常薄的层膜，它能使鱼体内的生理组织充满水分，保持体内外压力的平衡。这就是深海鱼类为什么在如此巨大的压力条件下，也不会被压扁的原因。所以我们不得不感叹，生命所创造的奇迹。

此外，马里亚纳海沟还被探测出存储了大量的碳，据专家介绍，这些碳的存在是能够调节全球气候的。但是，由于技术的限制，现在所掌握的资料还无法说明深海海沟在全球碳循环过程中起到什么作用，所以具体的调节作用基本还是个谜。如果算出深海海沟里的碳含量到底比其他海域多出多少，而细菌转化的碳的量具体是多少，那么这些数据能帮助科研人员更好地了解深海海沟在调节气候方面的作用。相信不久的将来我们就会知道其中缘由了，当然，即使我们现在还解释不清楚这一影响，但不可否认，我们一直在受着大自然的恩惠，其中起到重要作用的就是全球各地的海洋。

知识窗

1. 神话《白蛇传》中"白娘娘盗仙草"盗的是灵芝。
2. 李白笔下的"飞流直下三千尺，疑是银河落九天"指的是庐山。
3.《西游记》中的火焰山位于新疆。

拓展思考

1. 我国海洋资源的分布状况，海底矿产资源有哪些？开发和保护我国海洋矿产有什么意义？

2. 我国主要的商品粮食基地在哪些地方？

死海

Si Hai

死海位于巴勒斯坦、西岸和约旦之间的大裂谷约旦裂谷，汇入死海的主要河流是约旦河。死海是世界上最低的湖泊，湖面海拔为负 422 米，死海的湖岸是地球上已露出陆地的最低点，湖长 67 千米，宽 18 千米，面积 810 平方千米。死海也是世界上最深的咸水湖、最咸的湖，最深处 380 米，最深处湖床海拔负 800 米，湖水盐度达 300 克/升，为一般海水的 8.6 倍。死海的盐分高达 30%，也是地球上除了吉布提的阿萨勒湖之外盐分最高的水体。

※ 漂浮在死海上

死海湖中及湖岸均富含盐份，在这样的水中，鱼儿和其他水生物都难以生存，水中只有细菌和绿藻没有其他生物；岸边及周围地区也没有花草生长，故人们称是为"死海"。

死海之名至少可追溯到希腊化时代，自从亚伯拉罕（希伯来人的祖先）时代和所多玛与蛾摩拉的毁灭（据《旧约》记载，这两城因罪大恶极而被天火焚烧；两城旧址现可能已沉入死海南部）以来，死海一直同圣经历史联系在一起。该湖的乾涸河流先为戴维（以色列国王），后为希律一世大帝（犹太国王）提供了避难场所，在公元前 40 年安息人围攻耶路撒冷时，希律一世把他自己关在梅察达古堡中。梅察达古堡曾是三年围困的地点，最后于公元 73 年其犹太奋锐党守军集体自杀，古堡被罗马人摧毁。留下今称"死海古卷"的圣经文稿的犹太教派曾在该湖西北的山洞中藏身。

死海全年大部分时候天气晴朗，气候干燥。多年平均雨量少于 50 毫米，夏季平均气温在 32℃～39℃之间，冬季平均气温在 20℃～23℃之间。由于气压高，当地的含氧量也较高。由于水的比热容大于陆地，水体对周边地区的气温起到了调节的作用，在冬季，水上气温倾向高于陆地气温，夏季则正好相反。

在我国的山西的运城有一个盐湖，这个盐湖形成于新生纪第四代，由于山出海走，大量含盐类的矿物质汇集在这里，经盐湖过长期的沉淀蒸发，形成了天然的盐湖，被称为中国死海。面积约120平方千米，同死海一样，同属内陆咸水湖。它自古就有"银湖"之美称。死海由于含盐量大，造成氧气相当缺乏，致使各种生物根本无法生存，而运城盐湖水草丰富，芦苇丛生，鸟语花香，生机盎然。而且运城盐湖还衍生出许许多多人文文化。

死海的海水不但含盐量高，而且富含矿物质，常在海水中浸泡，可以治疗关节炎等慢性疾病。因此，每年都吸引了数十万游客来此休假疗养。富含矿物质的死海黑泥，由于健身美容的特殊功效，使它成为以色列和约旦两国宝贵的出口产品。死海是世界上最早的疗养圣地（从希律王时期开始），湖中大量的矿物质含量具有一定安抚、镇痛的效果。

以色列死海黑泥以氯化物为主，运城盐湖黑泥以硫酸盐为主，两者都富含有益于人体的矿物质元素，且均在同一数量级上。对人体的健康作用"异湖同功"。由于死海和中国运城盐湖的含盐密度很高，哪怕是不会游泳的人也可以飘浮在水面上，形成非常有趣的现象。

关于中国运城盐湖，有关专家做了研究，认为1个小时的漂浮相当沉睡4个小时、按摩4个小时，它能使左右大脑相互协调，头脑清醒而富有创造力，减轻思想与身体的紧张感，使人精神焕发，精力充沛。由于水中富含矿物质，常在水里漂浮浸泡可以治疗许多慢性疾病。例如，身体浸泡在温热的盐湖水中，由于液体静力压的关系，会使血液在体内重新分布达到利尿的效果，风湿性关节炎等关节肿胀症状会因此消退；盐水漂浮时，水中浮力及温热效应还可以减少肌肉张力，增加肌腱伸展性，改善关节活动度；适当的浸泡还可短暂增加部分荷尔蒙在血液中的浓度，并使免疫球蛋白得到暂时抑制，减少风湿性关节炎发炎反应，以及减少病人的疼痛感。但是，由于盐湖湖水中较高的含盐量，人在漂浮过程中，身体中的水分会被交换掉，所以盐水漂浮时间不能太长，漂浮以后要注意及时补充水分。这就是所谓的有利也有弊，总之无论是中国的运城盐湖还是约旦的死海，都对人体健康很有好处。

▶ **知识窗**

1. "来龙去脉"的成语产生于风水勘探。
2. 维纳斯是希腊神话中的爱神和美神。
3. 相传我国古代能作"掌上舞"的人是赵飞燕。

拓展思考

1. 我国为什么会形成这种"北麦南稻"的分布特点？
2. 我国东西部的农业生产有什么差异，为什么？

南美火地岛

Nan Mei Huo Di Dao

火地岛又称大火地岛，位于南纬52°~56°之间，东临大西洋，西与太平洋相接，南隔德雷克海峡与南极大陆相望，北隔麦哲伦海峡与南美大陆毗邻，是智利和阿根廷两国的最南端领土，也是世界上除南极大陆以外的最南端的陆地，也是南美洲大陆最南端的岛屿。其最南点就是闻名世界的合恩角。群岛总面积73746平方千米，约2/3属智利，1/3属阿根廷。1881年，两国同意自大西洋圣埃斯皮里图角沿西经线68°36′38″，以及东一西走向的比格尔海峡画定边界。但在伦诺克斯、皮克顿、努埃瓦等岛以及海峡口数小岛的归属问题上仍有分歧。

※ 火地岛的阿尔托湖秋色

火地岛原为印第安人奥那族、扬甘族和阿拉卡卢夫族居住地。1520年10月，航海家麦哲伦发现了被他命名的麦哲伦海峡时，首先看到的是当地土著居民在岛上燃起的堆堆篝火，遂将此岛命名为"火地岛"。1832~1836年间，英国生物学家查理·达尔文考察了火地岛，自此该岛名声大振。

岛上的乌斯怀亚港距南极大陆最近处仅800千米，该港是阿根廷和其他国家去南极考察的后方基地，考察船都在这里补充燃料和食品。海港设备完善，有班轮定期通航阿根廷首都和智利火地岛首府蓬塔阿雷纳斯，并建有飞机场与岛外通连。市内主要街道圣马丁大街建在一片绿草如茵的山坡上，街两旁用锌铁皮建造的小屋精巧雅致。市内店铺多为旅馆、饭店和酒吧，旅馆规模不大，但服务水准较高。百货商店的商品以御寒衣物等用具居多，还有体现南美风情的装饰、工艺品等。每年都有来自世界各地的豪华游艇和帆船来乌斯怀亚港停泊游玩，人们都愿意在这"世界的天涯海角"体验"世外桃源"的清净感受。这里洋溢着浓浓的奇妙色彩，如今已成了迷人的风景点。乌斯怀亚是印第安语，是"观赏落日的海湾"之意，当日落黄昏时，登上山岗，眺望晚霞中的海湾，水天一色，云霞似锦，美不胜收。

此外，火地岛的冰川奇形怪状，雪山重峦叠嶂，湖泊星罗棋布，其风光可谓别具一格。最大的法尼亚诺冰川湖方圆数百平方千米。周围群山环抱、森林密布，湖水清且静，风光秀美。火地岛的夏天是最美的，白天长达近20个小时，半夜23时太阳才落入海面，凌晨4～5时，太阳又升起。由于岛上的动植物资源保存较好，岛上有不怕人的海豹和企鹅，有优良品种的羊和众多的野兔，茂盛的山毛榉树构成了森林的主体。在岛南面的比格尔海峡一带，还时常有巨大、珍贵的蓝鲸出没。另外，火地岛的土著奥那族人的流浪式生活和风俗也独具特色。他们的房子非常简单，就是在地上插几根木棍，再搭上几张骆马皮，很像我们所说的窝棚。特殊的地域、神奇的自然和人文景观，吸引了来自世界的旅游者来此观光。为此，阿根廷于1960年在岛上建立了国家公园。

火地岛国家公园是世界最南端的国家公园，也是世界最南部的一个自然保护区，雪峰、湖泊、山脉、森林点缀其间，极地风光无限，景色迷人。这里不仅风景迷人，而且资源丰富，已探明铁矿砂储量650亿吨，产量和出口量居世界第二位。铀矿、铝矾土、锰矿储量居世界第三位。石油储量约36亿桶，另有相当于15亿桶石油的油页岩，天然气储量1330亿立方米。这里还有较丰富的铬矿、镍矿和黄金矿。煤矿储量230亿吨，不过品位低。水力资源丰富。森林覆盖率为52.2%。工业居拉美之首。70年代建成了比较完整的工业体系，主要工业部门有钢铁、汽车、造船、石油、水泥、化工、冶金、电力、纺织、建筑等。核电、通讯、电子、飞机制造、军工等已跨入世界先进国家的行列。咖啡、蔗糖、柑橘和大豆生产居世界第一位，可可、大豆为第二位，玉米居第三。粮食基本自给，但需进口一小部分小麦。总体来说这里是一个非常值得去游玩的地方。

▶ **知识窗**

1. 京剧中，饰演性格活泼、开朗的青年女性的是花旦。
2. "成也萧何，败也萧何"说的是张良的经历。
3. "东床快婿"原本是指王羲之。

拓展思考

1. 我国北方地区与南方地区的分界线是哪里？
2. 青藏地区与其他三个地区的分界线是哪里？

东非大裂谷

Dong Fei Da Lie Gu

在东非高原上，自南而北贯穿着一条又长又深的裂谷，这条裂谷带位于非洲东部，南起赞比西河口向北经马拉维湖分为东西2支：东支裂谷带沿维多利亚湖东侧，向北经坦桑尼亚、肯尼亚中部，穿过埃塞俄比亚高原入红海，再由红海向西北方向延伸抵约旦谷地，

※ 东非大裂谷景色

全长近 6000 千米；西支裂谷带大致沿维多利亚湖西侧由南向北穿过坦噶尼喀湖、基伍湖等一串湖泊，向北逐渐消失，规模比较小。这就是世界上最长的大地裂谷带——东非大裂谷，从卫星照片上看去犹如一道巨大的伤疤。

在断裂谷地低洼处往往积水成湖，裂谷带形成了许多湖泊，且大多是构造湖，狭长幽深，与裂谷延伸方向一致，呈串珠状分布。世界第二深湖就是这个裂谷带的坦噶尼喀湖，也是世界上最狭长的湖，它长约 670 多千米，两岸是陡崖峭壁，那里湖水晶莹剔透，亮丽无比，湖光山色，幽美迷人。它同时又是世界上第二深湖，水深将近 1470 米。东北部的阿萨尔湖，是非洲大陆的最低点，海拔仅有 −150 米。其他还有马拉维湖、大巴列湖等也都是狭长、水深的湖。

是什么力量造就了这一蔚为壮观的巨大裂谷呢？接下来就让我们一起去探讨一下。非洲大陆原是南方冈瓦纳古陆的一部分，在侏罗纪后逐渐分裂出来，成为一块独立而稳定的古陆。从第三纪开始并延续到第四纪的造山运动，在非洲引起了强烈的抬升与断裂活动，东非大裂谷就形成于这个时期。至于具体成因，现在在地质学中存在着多种认识和理解。其中比较有影响力的是板块学说。该学说认为，地壳以下的地幔中上升流强烈上升，致使地壳隆起，形成了东非高原。上升流向两侧扩散，巨大的拉张力

致使地壳发生断裂，形成了东非大裂谷。这一说法认为断裂的产生是大陆开始分裂，海洋正在孕育的反映。

如果裂谷继续扩张，那么那里就会演变成海洋。地壳发生断裂的过程中必然伴随着火山和地震的活动。裂谷带附近地壳运动极为活跃，岩浆活动剧烈，火山林立成群，地震时有发生，显示着极强的生命力。这里有一系列高达 5 千米的大山，著名的有乞力马扎罗山、肯尼亚山等。乞力马扎罗山的植被，因高度及坡向不同而发生明显的垂直变化。从热带稀树草原、热带雨林、亚热带常绿阔叶林一直到高山草地、荒漠、冰川，依次而上。翠绿的身姿顶托着洁白的玉冠，远在 200 千米就能映入人们的眼帘。极目望去，翠白相间，云雾缭绕，无不使人心神幻动。这些美丽的景色更为大裂谷增加魅力分值。

东非大裂谷的存在是对大陆漂移假说的有力支持。2005 年 9 月，埃塞俄比亚北部某地的地面突然下沉约 3 米，迅速向两侧裂开，裂开的大洞足以将数头骆驼和数只山羊吞没。在接下来三周时间，这个地方发生了 160 次地震，形成一个宽 7.62 米、长约 0.34 千米的大裂缝。英格兰利兹大学地球物理学家蒂姆·赖特使用卫星雷达数据，将这一裂缝的形成过程准确地拼合起来。当非洲和阿拉伯构造板块向两侧漂移时，两个板块之间的地壳会变弱。赖特说："在地壳底部形成的岩浆会定期向下面滴，就向'熔岩灯'一样，形成一个腔状'气球'，'气球'逐渐膨胀。当这个'气球'达到临界压力时，它就会爆炸。"

由此赖特估计，在未来 100 万年左右，裂缝将继续扩大，届时非洲之角将从非洲大陆完全脱离，形成地球上第八大洲——东非洲。赖特说，这种地质过程始终都在发生，不过，地面裂开通常只发生在海底。这一发现轰动了科学界。2006 年，来自英国、法国、意大利和美国的考察队纷纷前来阿法尔。经过分析和研究，他们预言一个新的大陆将会在 100 万年间形成，东非大裂谷将会比现在长 10 倍，东非的好望角将从非洲大陆上分离出去。对此，美国地质学家辛迪·艾宾格表示："许多人认为剧烈的地质现象只发生在遥远的古代，但是我们现在可以看见它们正在发生。"

这样我们就又回到了历次遇到的问题，那就是在一个新的发现得到证实之前，谁都不能肯定的说是或者非，也许有一天东非洲真的会出现，又或许东非大裂谷的发展趋向出现了新的变化，那么这条迷住无数人的大裂谷会不会更有魅力？东非大裂谷未来的命运究竟如何？也许人类只有拭目以待。

知 识 窗

1.“东山再起”这个典故出自谢安。

2.鬼节、死节、冥节、聪明节都是我国对清明节的称呼。

3.通常人们在信尾写上“此致敬礼”，这个“此”是指信的内容。

拓展思考

1. 四大地理单元中，海拔最高的是什么地区？平原分布最广的是什么地区？

2. 我国北方包括的主要省区是哪里？本区主要的土地、平原、高原及其分布特点是什么？本区的平原分别由哪些河流冲积而成？

撒哈拉大沙漠

Sa Ha La Da Sha Mo

撒哈拉沙漠位于非洲北部，西濒大西洋，北临阿特拉斯山脉和地中海，东为红海，南为萨赫勒一个半沙漠乾草原的过渡区，是世界仅次于南极洲的第二大荒漠，也是世界最大的沙质荒漠。约形成于 250 万年前，那里气候条件非常恶劣，东西约长 4 800 千米，南北在 1300～1900 千米之间，总面积约 906．5 万平

※ 撒哈拉沙漠风光

方千米。其总面积约容得下整个美国本土。"撒哈拉"是阿拉伯语的音译，源自当地游牧民族图阿雷格人的语言，原意即为"沙漠"。撒哈拉沙漠是世界上阳光最多的地方，也是世界上最大和自然条件最为严酷的沙漠，是地球上最不适合生物生存的地方之一。

撒哈拉大沙漠形成的原因主要有以下几点：首先北非位于北回归线两侧，常年受副热带高气压带控制，盛行干热的下沉气流，且非洲大陆南窄北宽，受副热带高压带控制的范围大，受热面积广；其次北非与亚洲大陆紧邻，东北信风从东部陆地吹来，不易形成降水，使北非更加干燥；再次是北非海岸线平直，东侧有埃塞俄比亚高原，对湿润气流起阻挡作用，使广大内陆地区受不到海洋的影响；然后是北非西岸有加那利寒流经过，对西部沿海地区起到降温减湿作用，使沙漠逼近西海岸；最后北非地形单一，地势平坦，起伏不大，气候单一，形成大面积的沙漠地区。撒哈拉沙漠的干旱地貌类型是多种多样的。由石漠（岩漠）、砾漠和沙漠组成。石漠多分布在撒哈拉中部和东部地势较高的地区，尼罗河以东的努比亚沙漠主要也是石漠。砾漠多见于石漠与沙漠之间，主要分布在利比亚沙漠的石质地区、阿特拉斯山、库西山等山前冲积扇地带。沙漠的面积最为广阔，除少数较高的山地、高原外，到处都有大面积分布。

撒哈拉沙漠气候由信风带的南北转换所控制，常出现许多极端。它有

青少年应该知道的宇宙百科知识

世界上最高的蒸发率，并且有一连好几年没降雨的纪录。气温在海拔高的地方可达到霜冻和冰冻地步，而在海拔低处有世界上最热的天气。这样的气候加上撒哈拉沙漠的土壤有机物含量低，常常没有生物活动，不过沙漠边缘上的土壤则含有较集中的有机物质。

虽然撒哈拉沙漠非常的干旱，但事实上这里还是有河流经过的。有几条河源自撒哈拉沙漠外，为沙漠内提供了地面水和地下水，并吸收其水系网放出来的水。尼罗河主要支流在撒哈拉沙漠汇集，河流沿着沙漠东边缘向北流入地中海；有几条河流入撒哈拉沙漠南面的查德湖，还有相当数量的水继续流往东北方向重新灌满该地区的蓄水层；尼日河水在几内亚的富塔贾隆地区上涨，流经撒哈拉沙漠西南部然后向南流入海。

我们一直说生命力总是能够创造奇迹的，在撒哈拉沙漠亦是如此，这里虽然气候恶劣，但是动物物种却也不少。哺乳动物种类有沙鼠、跳鼠、开普野兔和荒漠刺猬；柏柏里绵羊和镰刀形角大羚羊、多加斯羚羊、达马鹿和努比亚野驴；安努比斯狒狒、斑鬣狗、一般的胡狼和沙狐；利比亚白颈鼬和细长的獴。撒哈拉沙漠鸟类超过 300 种，既有不迁徙鸟又有候鸟。沿海地带和内地水道吸引了许多种类的水禽和滨鸟。内地的鸟类有鸵鸟、各种攫禽、鹭鹰、珠鸡和努比亚鸨、沙漠雕鸮、仓鸮、沙云雀和灰岩燕以及棕色颈和扇尾的渡鸦。蛙、蟾蜍和鳄生活在撒哈拉沙漠的湖池中。蜥蜴、避役、石龙子类动物以及眼镜蛇出没在岩石和沙坑之中。撒哈拉沙漠的湖、池中有藻类、咸水虾和其他甲壳动物。生活在沙漠中的蜗牛是鸟类和动物的重要食物来源。沙漠蜗牛通过夏眠之后存活下来，在由降雨唤醒它们之前它们会几年保持不活动。撒哈拉沙漠北部的残遗热带动物群有热带鲃和丽鱼类，均发现于阿尔及利亚的比斯克拉和撒哈拉沙漠中的孤立绿洲；眼镜蛇和小鳄鱼可能仍生存在遥远的提贝斯提山脉的河流盆地中，总之，在这里生命的顽强让人为之敬佩。

虽然现在撒哈拉地区一片荒漠，但是人们却在荒漠中发现了栩栩如生的壁画。德国探险家巴尔斯在 1850 年来到撒哈拉沙漠进行考察，无意中发现岩壁上刻有鸵鸟、水牛及各式各样的人物像。1933 年，法国骑兵队来到撒哈拉沙漠，偶然在沙漠中部塔西利台、恩阿哲尔高原上发现了长达数千米的壁画群，它们全部绘在受水侵蚀而形成的岩阴上，五颜六色，色彩雅致、调和，刻画出了远古人们生活的情景。从这些图像可以可靠地推测出古代撒哈拉地区的自然面貌。如一些壁画上有划着独木舟捕猎河马，这说明撒哈拉曾有过水流不绝的江河。人们不仅对这些壁画的绘制年代难以稽考，而且对壁画中那些奇怪形状的形象也茫然无知，成为人类文明史上的一个谜。

　　长久以来，探险者被撒哈拉沙漠危险奇异的构成阻隔在外，难以深入探险。如今，几条穿越大漠的路线相继开通，使冒险家们横穿大沙漠的梦想终于可以成真。沙漠中的旅行是对人的体力与智力的挑战，但却奇异而刺激，而且满足了人们远离城市的喧嚣的愿望，游走在茫茫大漠中，别是一般滋味。如果想要放松的同时又得到刺激，穿越撒哈拉沙漠绝对是一个不错的选择。

▶ 知 识 窗

　　1. "司空见惯" 中的 "司空" 是指：一种官职。
　　2. "名花解语" 是用来形容女子尤指美女善解人意。

| 拓展思考 |

　　1. 京津唐和珠江三角洲的主要工业部门有哪些？
　　2. 这两个地区的工业基地分别有哪些发展工业的优势？
　　3. 这两个工业基地的分布和工业部门的条件，工业部门分布受哪些因素影响？

青少年应该知道的宇宙百科知识

宇宙八大行星之地球

第六章

YUZHOUBADAHENGXINGZHIDIQIU

　　地球是宇宙中唯一一个适合生命居住的地方，是人类共同的家园，同住地球村，我们应该了解我们的地球妈妈，应该意识到作为地球一份子的责任，我们既要享受地球给我们的恩泽，又要对地球负责，我们的行为关系到地球的未来，也关系到子孙的未来，所以让我们去了解地球的同时，也增长一些对地球负责的意识吧。

地球的结构

Di Qiu De Jie Gou

在第二章中我们已经了解了火星、金星和水星三大类的行星，这里我们了解另外一个类地行星——地球。地球是太阳系中直径、质量和密度最大的类地行星，是太阳系从内到外的第三颗行星。它经常被称作世界。人们对地球形状的认识有：古代中国的天圆地方、亚里士多德的球星地球、牛顿的地球旋转椭球体、人造卫星测量的理性地球。那么地球的构造是怎样的呢？本章节就带领大家来认识一下地球的构造。

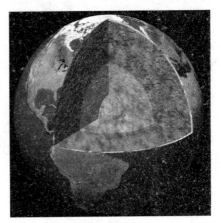

※ 地球内部结构示意图

　　地球是由地壳、地幔和地核构成的。地壳是地球的最外层结构，是由岩石所做成的一层坚固外壳，是地球最外层的固体圈层，也是岩石圈的重要组成部分。地壳的厚度不同，平均厚度大约为 17 千米。大陆地壳厚度较大，厚度大约在 35～45 千米；平原盆地相对比较薄弱；大洋地壳则十分薄弱，厚度只有几千米而已；而世界最高峰喜马拉雅山脉的地壳厚度可以达到 70～80 千米。地壳又分为上地壳和下地壳，上地壳主要作用是承受应力以及地震易发生的层位，所以地壳较硬；而下地壳便相对较软了。

　　地核是组成地球的核心部分，从下地幔的底部一直到地球中心部位。由铁和镍元素组合而成，密度高达每立方厘米 12 克左右；且温度极高，约有 4000℃～6000℃；半径约为 3470 千米。地核分为外地核和内地核两个部分。现在的科学家认为外地核的物质为液态，内地核则呈固态结构。

　　在地壳和地核的中间还有一个夹层，就是我们所说的地幔，其厚度大约有2800多千米。地幔是由致密的造岩物质构成的，是地球内部体积和质量都最大的一层。地幔和地壳一样也分为上地幔和下地幔两个层。在上地幔的顶部，有一个可以让地震波减慢的层面。通常人们把上地幔顶部和地壳合称为岩石圈，又称软流层，很可能是岩溶的发源地；而下地幔的温度、压力以及密度都有所增大，物质呈可塑性固态，厚度大约有2900千米。

就整体看，地球的化学元素组成为：铁37.6％、氧29.5％、硅15.2％、镁12.7％、镍2.4％、硫1.9％、0.钛05％。地球是有各个板块组成的。目前有八大板块：北美洲板块－北美洲，西北大西洋及格陵兰岛、南美洲板块－南美洲及西南大西洋、南极洲板块－南极洲及沿海、亚欧板块－东北大西洋，欧洲及除印度外的亚洲、非洲板块－非洲，东南大西洋及西印度洋、印度与澳洲板块－印度，澳大利亚，新西兰及大部分印度洋、Nazca板块－东太平洋及毗连南美部分地区和太平洋板块－大部分太平洋（及加利福尼亚南岸）。此外还有二十多个小板块，如阿拉伯，菲律宾板块。板块交界处地壳运动较活跃，地震经常在这些板块交界处发生。

地球的大气是由77％的氮、21％的氧、微量的氩、二氧化碳和水组成。地球初步形成时，大气中可能存在大量的二氧化碳，但是几乎都被组合成了碳酸盐岩石，只有少部分溶入了海洋或给活着的植物消耗了。现在板块构造与生物活动维持了大气中二氧化碳到其他场所再返回的不停流动。大气中稳定存在的少量二氧化碳通过温室效应对维持地表气温有极其深远的重要性。温室效应使平均表面气温提高了35℃；没有二氧化碳海洋将会结冰，而生命将不可能存在，但是它的存在必须适量。

地球的水圈包括海洋、江河、湖泊、沼泽、冰川和地下水等，它是一个连续但不很规则的圈层。从离地球数万千米的高空看地球，可以看到地球大气圈中水汽形成的白云和覆盖地球大部分的蓝色海洋，它使地球成为一颗"蓝色的行星"。

地球上存在的地球大气圈、地球水圈和地表的矿物，加上适宜的温度，形成了适合于生物生存的自然环境。我们通常所说的生物，是指有生命的物体，包括植物、动物和微生物。据估计，地球上现有生存的植物约有40万种，动物约有110多万种，微生物至少有10多万种。科学家们说，在地质历史上曾生存过的生物约有5～10亿种之多，然而，在地球漫长的演化过程中，绝大部分都已经灭绝了。现存的生物生活在岩石圈的上层部分、大气圈的下层部分和水圈的全部，构成了地球上一个独特的圈层，称为生物圈。

▶知识窗

1. 医疗上用作收敛剂，可使机体组织收缩，减少腺体的分泌的物质是皓矾。

2. 洗有颜色的衣服时，先用 5% 的盐水浸泡 10 分钟，然后再洗，不容易掉色。

3. 理发吹风前，在头上喷一点醋，洗烫的发式样能长久保持。

| 拓展思考 |

1. 我国北方包括的主要省区，本区主要的土地、平原、高原及其分布特点，本区的平原分别由哪些河流冲积而成？

2. 北方地区气温、降水的特点及其对生产、生活的影响？

青少年应该知道的宇宙百科知识

地球的年龄

Di Qiu De Nian Ling

宇宙选择了地球作为生命存在的地方，人类在这里一代代的繁衍生息，同时也会对我们生活的家园产生浓烈的好奇心。其中自古人们就比较关心的一个问题就是地球多大了？中国古人推算："自开辟至于获麟（指公元前 481 年），凡三百二十六万七千年"。17 世纪西方国家的一个神甫宣称，地球是上帝在公元前 4004 年创造的。凡此种种说法，其实根本没有科学根据，纯属臆想得出的结论。当然虽然这些结论是错误的，方法也是不对的，但是我们不能因此而否认古人的努力，古人由于科技和知识的限制，不能用科学的方法推算也是正常的，至少他们对地球的思考还是值得我们去学习的。

首先要解释一下关于地球年龄的问题，有几种不同的概念。地球的天

※ 地球

文年龄是指地球开始形成到现在的时间，这个时间同地球起源的假说有密切关系。地球的地质年龄是指地球上地质作用开始之后到现在的时间。从原始地球形成经过早期演化到具有分层结构的地球，估计要经过几亿年，所以地球的地质年龄小于它的天文年龄。地球上已知最古老的岩石的年龄是 41 亿年，地球的地质年龄一定比这个数值大。地质年龄是地质学研究的课题；通常所说的地球年龄是指它的天文年龄。

近代测量地球年龄时，最早尝试用科学方法探究地球年龄的是英国物理学家哈雷。他提出，研究大洋盐度的起源，可能会提供解决地球年龄问题的依据。海水是咸的，其中的盐被设想是从大陆上送去的，现在河流还在不断把大量盐分带进海中。那么我们用每年全世界河流带进海中的盐分的数量，去除以海中现有盐分的总量，就可以算出积累这样多的盐分，已经花了多少年吗？计算的结果表明：大约已有 1 亿年。这个数字显然还不是地球的真实年龄，因为在海洋出现之前，地球早已经出世了。而且河流带进海中的盐分的多少，不会每年一样，海中的盐分还会因海水被风吹到岸上，只有其中的一部分返回了大陆。

后来人们又在海洋里找到了另一种计时器，这就是海洋中的沉积物。随着岁月的增长，沉积物愈来愈厚，而且大量变成了岩石——沉积岩。据估计，每 3000～10000 年可以造成 1 米厚的沉积岩。地球上各个地质时期形成的沉积岩，加在一起总共有多厚呢？约有 100 千米。这样算起来形成这些沉积岩共用了 3～10 亿年的时间。不过这个数字仍不等于地球的年龄，因为在有沉积作用以前，地球也是早就形成了。

德国伟大的科学家赫尔姆霍茨在 1854 年时根据他对太阳能量的估算，认为地球的年龄不超过 2500 万年。而英国著名物理学家汤姆生在 1862 年说，地球从早期炽热状态中冷却到如今的状态，需要 2000～4000 万年。虽然这些数字远远小于地球的实际年龄，但作为早期尝试还是有益的。

到了 20 世纪，科学家发明了当时测定地球年龄的最佳方法——同位素地质测定法，这是计算地球历史的标准时钟。根据这种办法，当时科学家找到的最古老的岩石，有 38 亿岁。然而，最古老岩石并不是地球出世时留下来的最早证据，不能代表地球的整个历史。这是因为，婴儿时代的地球是一个炽热的熔融球体，最古老岩石是地球冷却下来形成坚硬的地壳后保存下来的。

20 世纪 60 年代末，科学家测定取自月球表面的岩石标本，发现月球的年龄在 44～46 亿年之间。于是，根据目前最流行的太阳系起源的星云说，太阳系的天体是在差不多时间内凝结而成的观点，便可以认为地球是在 46 亿年前形成的。然而，这是依靠间接证据推测出来的。不过遗憾的

青少年应该知道的宇宙百科知识

是，至今人们还没有在地球自身上发现确凿的"档案"，来证明地球活了46亿年。

虽然人们尝试不同的方法去测量地球的年龄，而且方法越来越科学，误差也变得越来越小，但是现在所计算出来的年龄跟地球实际年龄还是有一定偏差的，要想得到更加准确的数字，还需要不停的探索，相信在不久的将来我们会得出精准的结论。

知 识 窗

1. 现代体育运动会"火炬"火炬中常用的火炬燃料是丁烷和煤油。
2. 削去果皮不能解决农药问题。
3. 金饰品常用 K 代表其含金量，18K 金饰品的含金量是 75%。

拓展思考

1. 黄土高原治理水土流失的措施有哪些？
2. 中东南丘陵的土壤与北方地区的土壤有什么不同？

地球自然灾害之——龙卷风

Di Qiu Zi Ran Zai Hai Zhi Long Juan Feng

※ 龙卷风

龙卷风是在极不稳定天气下由空气强烈对流运动而产生的一种伴随着高速旋转的漏斗状云柱的强风涡旋。空气绕龙卷的轴快速旋转，受龙卷中心气压极度减小的吸引，近地面几十米厚的一薄层空气内，气流被从四面八方吸入涡旋的底部。并随即变为绕轴心向上的涡流，龙卷中的风总是气旋性的，其中心的气压可以比周围气压低百分之十。龙卷风中心附近风速可达 100 米/秒～200 米/秒，最大 300 米/秒，比台风近中心最大风速大好几倍。中心气压很低，一般可低至 400hPa，最低可达 200hPa。它具有很大的吸吮作用，可把海（湖）水吸离海（湖）面，形成水柱，然后同云相接，俗称"龙取水"。

龙卷风是云层中雷暴的产物。具体的说，龙卷风就是雷暴巨大能量中的一小部分在很小的区域内集中释放的一种形式。龙卷风的形成可以分为四个阶段：大气的不稳定性产生强烈的上升气流，由于急流中的最大过境气流的影响，它被进一步加强；由于与在垂直方向上速度和方向均有切变的风相互作用，上升气流在对流层的中部开始旋转，形成中尺度气旋；随着中尺度气旋向地面发展和向上伸展，它本身变细并增强。同时，一个小面积的增强辅合，即初生的龙卷在气旋内部形成，产生气旋的同样过程，形成龙卷核心；龙卷核心中的旋转与气旋中的不同，它的强度足以使龙卷一直伸展到地面。当发展的涡旋到达地面高度时，地面气压急剧下降，地面风速急剧上升，形成龙卷。

龙卷风常发生于夏季的雷雨天气时，尤以下午至傍晚最为多见。袭击范围小，龙卷风的直径一般在十几米到数百米之间。龙卷风的生存时间一般只有几分钟，最长也不超过数小时。风力特别大，在中心附近的风速可达100～200米/秒。破坏力极强，龙卷风经过的地方，常会发生拔起大树、掀翻车辆、摧毁建筑物等现象，有时把人吸走，危害十分严重。

例如：1995年在美国俄克拉何马州阿得莫尔市发生的一场陆龙卷，诸如屋顶之类的重物被吹出几十千米之远。大多数碎片落在陆龙卷通道的左侧，按重量不等常常有很明确的降落地带。较轻的碎片可能会飞到300多千米外才落地。在强烈龙卷风的袭击下，房子屋顶会像滑翔翼般飞起来。一旦屋顶被卷走后，房子的其他部分也会跟着崩解。

一般情况下，龙卷风是一种气旋。它在接触地面时，直径在几米到1千米不等，平均在几百米。龙卷风影响范围从数米到几十上百千米，所到之处万物遭劫。龙卷风漏斗状中心由吸起的尘土和凝聚的水汽组成可见的"龙嘴"。在海洋上，尤其是在热带，类似的景象在发生称为海上龙卷风。

龙卷风产生于强烈不稳定的积雨云中。它的形成与暖湿空气强烈上升、冷空气南下、地形作用等有关。它的生命史短暂，一般维持十几分钟到一两个小时，但是它的破坏力极其惊人，能把大树连根拔起，建筑物吹倒，或把部分地面物卷至空中。我国的江苏省每年几乎都有龙卷风发生，但发生的地点没有明显规律。出现的时间，一般在六七月间，有时也发生在8月上、中旬。大多数龙卷风在北半球是逆时针旋转，在南半球是顺时针，也有例外情况。

龙卷风长期以来一直是个谜，正是因为这个原因，所以有必要去了解它。龙卷风的袭击突然而猛烈，产生的风是地面最强的。由于它的出现和分散都十分突然，所以很难对它进行有效的观测。

龙卷风的风速究竟有多大？没有人真正知道，因为龙卷风发生至消散的时间实在是太短了，而且作用面积很小，以至于现有的探测仪器没有足够的灵敏度来对龙卷风进行准确的观测。相对来说，多普勒雷达是比较有效和常用的一种观测仪器。多普勒雷达对准龙卷风发出的微波束，微波信号被龙卷风中的碎屑和雨点反射后重被雷达接收。如果龙卷风远离雷达而去，反射回的微波信号频率将向低频方向移动；反之，如果龙卷风越来越接近雷达，则反射回的信号将向高频方向移动。这种现象被称为多普勒频移。接收到信号后，雷达操作人员就可以通过分析频移数据，计算出龙卷风的速度和移动方向。当然这也只是一个大概的数据。

龙卷风的危害如此大，那么如何采取防范措施呢？首先建筑房屋时，如果能加强房顶的稳固性，将有助于防止龙卷风过境时造成巨大损失；其次在家时，务必远离门、窗和房屋的外围墙壁，躲到与龙卷风方向相反的墙壁或小房间内抱头蹲下；再次躲避龙卷风最安全的地方是地下室或半地下室；在电杆倒、房屋塌的紧急情况下，应及时切断电源，以防止电击人体或引起火灾；在野外遇龙卷风时，应就近寻找低洼地伏于地面，但要远离大树、电杆，以免被砸、被压和触电；汽车外出遇到龙卷风时，切记千万不能开车躲避，也不要在汽车中躲避，因为汽车对龙卷风几乎没有防御能力，应立即离开汽车，到低洼地躲避。

▶ 知 识 窗

1. 司马迁死后很多年，杨恽替他将《史记》公诸于世。
2. 班彪是班固的父亲。
3. "二十四史"中绝无仅有的女作者是班昭。

| 拓展思考 |

1. 比较南北方的地理位置、自然环境、生产、交通和生活习俗等方面的差异？
2. "秦岭－淮河是我国重要的南北地理分界线"的依据是什么？

青少年应该知道的宇宙百科知识

地球上的自然资源

Di Qiu Shang De Zi Ran Zi Yuan

自然资源，亦称天然资源，《辞海》中解释为：是指天然存在的并有利用价值的自然物。例如土地、矿藏、水利、生物、气候、海洋等资源。联合国环境规划署的定义为：在一定的时间和技术条件下，能够产生经济价值。提高人类当前和未来福利的自然环境因素的总称。采矿、采油、渔业和林业因此一般被看作获取自然资源的工业。一句话概括起来就是自然资源是成为货物的自然财富。

自然环境中与人类社会发展有关的、能被利用来产生使用价值并影响劳动生产率的自然诸要素，通常都可以被称为自然资源，按照形态可分为有形自然资源（如土地、水体、动植物、矿产等）和无形的自然资源（如光资源、热资源等）。按照性质自然资源分可再生资源和不可再生资源，

※ 有形资源——树木

一般来说活的资源都是可再生资源（比如鱼、咖啡、森林等），假如它们不被过度开采耗尽的话，它们的再生速度可以与开采速度相当。非生物的可再生资源有土壤、水、大气、潮汐和太阳能等再生能源。

自然资源具有实用性、区域性、整体性等特点，是人类生存和发展的物质基础和社会物质财富的源泉，是可持续发展的重要依据之一。首先实用性，是指资源的数量，与人类社会不断增长的需求相矛盾，故必须强调资源的合理开发利用与保护；其次区域性，是指资源分布的不平衡，存在数量或质量上的显著地域差异，并有其特殊分布规律；再次整体性，是指每个地区的自然资源要素彼此有生态上的联系，形成一个整体，故必须强调综合研究与综合开发利用。

对自然资源，可分类如下：生物资源、农业资源、森林资源、国土资源、矿产资源、海洋资源、气候气象、水资源等。以下简单介绍其中几种资源。

水资源：从广义来说水资源是指水圈内水量的总体。包括经人类控制并直接可供灌溉、发电、给水、航运、养殖等用途的地表水和地下水，以及江河、湖泊、井、泉、潮汐、港湾和养殖水域等。水是人类及一切生物赖以生存的必不可少的重要物质，是工农业生产、经济发展和环境改善不可替代的极为宝贵的自然资源。水资源是发展国民经济不可缺少的重要自然资源。在世界许多地方，对水的需求已经超过水资源所能负荷的程度，同时有许多地区也濒临水资源利用之不平衡。

气候资源：气候资源是一种宝贵的自然资源，可以为人类的物质财富生产过程提供原材料和能源。是指能为人类经济活动所利用的光能、热量、水分与风能等，是一种可利用的再生资源，在我国气候资源是十大资源之一。包括太阳辐射、热量、水分、空气，风能等。它是一种取之不尽，又是不可替代的。气候有着本身的特点：气候资源是普遍存在的，气候要素只有在一定数字范围内才有资源价值。例如在中国古代我们的老祖宗不得不靠天吃饭，农业生产——对日照、温度、降水有一定的数值要求；气候资源是一种变化中的资源，有较大的变率，例如降水温度都会在一定的时间里有不同的特性，并且各方面的影响后，气候资源的变率可能更大。

国土资源：从广义角度看，国土资源是一个国家领土主权范围内所有自然资源、经济资源和社会资源的总称。狭义的国土资源只包括土地、江河湖海、矿藏、生物、气候等自然资源。国土资源有着自己的特性：①开发利用上的可变性。有些资源在不同的历史时期和不同的生产力水平下开发利用的程度相差会有很大；②分布上的不平衡性。因受多种因素影响，资源的地理分布往往是不平衡的，在数量和质量上有明显的地域差异；③数量上有无限性和有限性的特点。有些资源属于可持续不断地开发利用的可再生资源，有些属于数量有限的不可再生资源，如几乎全部矿物资源；有些资源现有数量虽有限，但可在短期内繁殖、再生和发展，称可更新资源，如动植物、地下水、劳动力等。

　　现在，我们地球上的自然资源在不断的衰竭恶化，例如：海洋环境恶化、土地退化和沙漠化、森林砍伐导致森林覆盖率急速下降以及物种消失等问题。

▶ 知 识 窗

1. 变质蔬菜中亚硝酸盐含量高，其对人体会有致癌危险性。
2. 工业酒精兑制的假酒中，对人体危害最大的成分是甲醇。
3. 食物中黄曲霉素污染严重的地区，居民中肝癌发病率就会增高。

| 拓展思考 |

1. 影响西北地区农业发展的主要因素有哪些？
2. 西北地区的灌溉水源主要来自哪里？

地球上的植物

Di Qiu Shang De Zhi Wu

在自然界中，凡是有生命的机体，均属于生物。生物被分类有很多，基本分类单位依次是界、门、纲、目、科、属、种，其中把行固着生活和自养的生物称为植物界，简称植物。现在采用的植物分类单位在全世界范围内是一致的，按等级高低顺序。植物是生命的主要形态之一，包含了如树木、灌木、藤类、青草、蕨类、

※ 绿色植物

地衣及绿藻等熟悉的生物。种子植物、苔藓植物、蕨类植物和拟蕨类等植物中，据估计现存大约有 35 万个物种。绿色植物大部分的能源是经由光合作用从太阳光中得到的。

植物是能够进行光合作用的多细胞真核生物。但许多多细胞的藻类也是能够进行光合作用的生物，它们与植物的最重要区别就是水生和陆生。简单来说，植物的定义就是适于陆地生活的多细胞的进行光合作用的真核生物，由根、茎、叶组成，表面有角质膜、有气孔、输导组织和雌/雄配子囊，胚在配子囊中发育。从这个定义来看，说明植物与藻类十分不同，因此五界系统中把藻类列入原生生物界。但是我们不得不承认藻类和植物有许多共同之处，因此两种生物是否属于同一个界尚有争论。植物可分为孢子植物和种子植物。一般有叶绿素，基质，细胞核，没有神经系统，种子植物又分为裸子植物和被子植物，有 30 多万种。

植物有以下特性：

首先是具有光合作用的能力，它可以借助光能及动物体内所不具备的叶绿素，利用水、矿物质和二氧化碳进行光合作用，释放氧气，产生葡萄糖——含有丰富能量的物质，供植物体利用。

其次是呼吸作用。这与植物的生命活动关系密切，是高等植物代谢的重要组成部分。呼吸作用是植物体内代谢的枢纽。呼吸作用根据是否需

氧，分为有氧呼吸和无氧呼吸两种类型。在正常情况下，有氧呼吸是高等植物进行呼吸的主要形式，但在缺氧条件和特殊组织中植物可进行无氧呼吸，以维持代谢的进行。生活细胞通过呼吸作用将物质不断分解，为植物体内的各种生命活动提供所需能量和合成重要有机物的原料，同时还可增强植物的抗病力。

再次"脉搏"跳动。每逢晴天丽日，太阳刚从东方升起时，植物的树干就开始收缩，一直延续到夕阳西下。到了夜间，树干停止收缩，开始膨胀，并且会一直延续到第二天早晨。植物这种日细夜粗的搏动，每天周而复始，但每一次搏动，膨胀总略大于收缩。于是，树干就这样逐渐增粗长大了。这也是植物的特性之一，有"脉搏"，所以大自然界的神奇之处不得不让我们感叹。

地球上的植物随着不同气候区而有不同的分布状况。几乎全世界各地区各个角落都有分布，其中有一些甚至生长在大陆棚极北端的冻土层上。在极南端的南极上，植物也顽强地对抗凛冽的环境。植物通常是它们栖所上主要的物理及结构组成。许多地球上的生态圈即以植被的类型的命名，因为植物是此些生态圈中的主要生物，如草原和森林等。

生态圈内植物的作用是举足轻重，其中森林覆盖率对人类的影响尤其大。世界各国森林覆盖率：日本 67％，韩国 64％，挪威 60％左右，瑞典54％，巴西 50％～60％，加拿大 44％，德国 30％，美国 33％，法国27％，印度 23％，中国 16.5％。全球森林主要集中在南美、俄罗斯、中非和东南亚。这四个地区占有全世界 60％的森林，其中尤以俄罗斯、巴西、印尼和民主刚果为最，四国拥有全球 40％的森林。全世界平均的森林覆盖率为 22％，北美洲为 34％，南美洲和欧洲均为 30％左右，亚洲为15％，太平洋地区为 10％，非洲仅 6％。

世界上森林最多的洲是拉丁美洲，森林覆盖率达到 44％，占世界森林面积的 24％。森林覆盖率最高的国家是南美的圭亚那，覆盖率高达97％；森林覆盖率最低的国家是非洲的埃及，仅十万分之一；目前森林覆盖率增长最快的国家是法国。

联合国环境规划署报告称，有史以来由于人类活动，使得全球森林减少了一半。根据联合国粮农组织 2001 年的报告，全球森林从 1990 年的39.6 亿公顷下降到 2000 年的 38 亿公顷。全球每年消失的森林近千万公顷。

现在有很多珍稀濒危植物如荷叶铁线蕨、原始观音座莲、对开蕨和笔筒树等等，加上近年来消失的森林，不得不再次提醒人们，人类的行为最终是要自己买单的。

▶知 识 窗

1. 反复淘洗大米或浸泡加热，损失最多的是 B 族维生素。
2. 在食物中，锌的最好来源是海产品。
3. 食物中钙的最好来源是奶与奶制品。

|拓展思考|

1. 世界上最大的海是哪个海，位于哪里？
2. 世界上最小的海是哪个海，位于哪里？

地球上的动物

Di Qiu Shang De Dong Wu

动物是多细胞真核生命体中的一大类群，称之为动物界，是相对于植物的生物。一般不能将无机物合成有机物，只能以有机物（植物、动物或微生物）为食料，因此具有与植物不同的形态结构和生理功能，以进行摄食、消化、吸收、呼吸、循环、排泄、感觉、运动和繁殖等生命活动。

※ 无脊椎动物化石

一般口语中指的动物是所有不是人的动物，但其实人类也是动物界的一个种。一般以为最早的动物是在4.5～5亿年前出现的。海绵动物门出现比较早，和别种大不一样。海绵有不同种类的细胞，但是细胞不分化为不同功能的组织。通过不断的演化，动物也经历了从单细胞到多细胞，从水生到陆生，从简单到复杂的过程。

截止到2005年，人类已知世界上的120万种动物，其中有超过90万种是昆虫、甲壳类动物和蜘蛛类动物。动物是生态系统里面的一个组成部分，它们属于消费者。它们的遗体会被微生物分解成为无机物，再次进入循环。动物的行为同时也塑造了生物圈的形态。动物有着各种行为。这些行为可以看作是动物对刺激的反应。

以有性生殖进行繁殖的后生动物，一生可被人为的划分为：胚前发育、胚胎发育和胚后发育三个阶段。动物的身体的基本结构在发育过程中固定下来，特别是发育早期的胚胎时期，也有一些后来要经历变态过程。若两不同种的动物具有相同的祖先，它们在胚胎发育阶段会显示出一些共同点。但当进入胚后发育阶段之后，为了适应环境，它们会各自发展出一些特别的器官或功能。若两种不具亲缘关系的动物长期生活在相同或相似的环境，它们因应需要而发展出相同功能的器官，这被称之为趋同演化。这从一个侧面说明了，单靠形态来为动物分类的不可靠性。

不同的依据使动物有多种分类方法，根据水生还是陆生，可将它们分为水生动物和陆生动物；根据有没有羽毛，可将它们分为有羽毛的动物和没有羽毛的动物；通过对不同动物的解剖，可以发现有的动物体内有脊柱，有的动物体内没有脊柱，根据体内有无脊柱，我们可以将所有的动物分为脊椎动物和无脊椎动物两大类。

脊椎动物是脊索动物的一个亚门，这一类动物一般体形左右对称，全身分为头、躯干、尾三个部分，躯干又被横膈膜分成胸部和腹部，有比较完善的感觉器官、运动器官和高度分化的神经系统。包括鱼类、两栖动物、爬行动物、鸟类和哺乳动物等五大类。

脊椎动物和人类生活的关系十分密切，它们为人类提供了肉、蛋、奶等食物，皮装、皮鞋等皮革制品，羊毛衫、羽绒服等服装制品。此外，许多脊椎动物能捕食农林害虫、害兽，对农林业有益。据统计，一只青蛙一年能消灭一万只害虫，而蟾蜍捕食害虫的数量更多。一直啄木鸟一年能吃掉近一万只危害树木的害虫。一只猫头鹰在一个夏季所消灭的鼠类，相当于增长 1000 千克的粮食。蝙蝠的捕虫本领更为奇妙，它能利用超声波准确地确定蚊、蛾等昆虫的空间位置从而捕食它们。通过研究蝙蝠超声波定位的机理，人们研制出了先进的仪器——雷达。

无脊椎动物是背侧没有脊柱的动物，它们是动物的原始形式。分布于世界各地，现存约 100 余万种。包括棘皮动物、软体动物、腔肠动物、节肢动物、海绵动物、线形动物等。无脊椎动物中包括：原生动物、扁形动物、腔肠动物、棘皮动物、节肢动物、软体动物、环节动物、线形动物八大类。无脊椎动物占世界上所有动物的百分之九十以上。

无脊椎动物多数体小，但软体动物门头足纲大王乌贼属的动物体长可达 18 米，腕长 11 米，体重约 2 吨。无脊椎动物多数水生，大部分海产，如有孔虫、放射虫、钵水母、珊瑚虫、乌贼及棘皮动物等，全部为海产，部分种类生活于淡水，如水螅、一些螺类、蚌类及淡水虾蟹等。蜗牛、鼠妇等则生活于潮湿的陆地。而蜘蛛、多足类、昆虫则绝大多数是陆生动物。无脊椎动物大多自由生活。在水生的种类中，体小的营浮游生活；身体具外壳的或在水底爬行（如虾、蟹），或埋栖于水底泥沙中（如沙蚕蛤类），或固着在水中外物上（如藤壶、牡蛎等）。无脊椎动物也有不少寄生的种类，寄生于其他动物、植物体表或体内（如寄生原虫、吸虫、绦虫、棘头虫等）。有些种类如蛔蛔虫和猪蛔虫等可给人类带来危害。

虽然脊椎动物对人类的直接间接影响都有很多有利的地方，我们不能因此否定无脊椎动物的存在，因为它们是生态圈中的一环，而且是重要的一环，没有它们，恐怕地球的循环都无法继续。

▶ 知 识 窗

1. 三国演义中，诸葛亮七擒孟获时遇哑泉，可致人哑，因为泉中含有硫酸铜。

2. 菠菜有时有涩口感，这是由于菠菜中含有草酸。

3. 食物中生物学价值最高的蛋白质是鸡蛋蛋白质。

‖ 拓展思考 ‖

1. 西北地区包括哪些省区，有哪些丰富的矿产资源？

2. 西北地区的生产、生活特点和环境问题分别是什么？

地球上的海洋

Di Qiu Shang De Hai Yang

海洋即"海"和"洋"的总称，地球的四分之三的面积被海洋覆盖。总面积大约为 3.96 亿平方千米。地球被称为"蓝色星球"正是因为有这么大面积的海洋存在的缘故。海洋中含有 13．5 亿万立方千米的水，约占地球上总水量的 97％。全球海洋一般被分为数个大洋和面积较小的海。一般将这些占地球很大面积的咸水水域称为"洋"，大陆边缘的水域被称为"海"。五个主要的大洋为太平洋、大西洋、印度洋、北冰洋、南冰洋（注：中国大陆认为太平洋、印度洋、大西洋一直延续到南极洲，故不存在南冰洋一说），大部分以陆地和海底地形线为界。

科学家告诉我们，原始的海洋的海水并不是咸的，而是带酸性、又是缺氧的。随着岁月的变迁，水分不断蒸发，反复地形云致雨，重又落回地面，把陆地和海底岩石中的盐分溶解，不断地汇集于海水中。经过亿万年

※ 海洋生物

的积累融合，才变成了大体均匀的咸水。同时，由于当时大气中没有氧气，也没有臭氧层，紫外线可以直达地面，所以生物只能靠海水来保护，于是生物首先在海洋里诞生。

海洋里大约在38亿年前产生了有机物，最先产生的是单细胞生物。在6亿年前的古生代，有了海藻类，在阳光下进行光合作用，产生了氧气，慢慢积累的结果，形成了臭氧层。此时，生物才开始登上陆地。总之，经过水量和盐分的逐渐增加，及地质历史上的沧桑巨变，原始海洋逐渐演变成今天的海洋。

广袤无垠、浩瀚辽阔的海洋上，分布着星罗棋布、景色美丽的海岛和风急浪高、有"海洋咽喉"之称的海峡。在海洋的边缘，又分布着众多水深浪小、有"海上走廊"之称的海湾。在自然地理上，海峡和海湾是两个重要的组成部分，同时也与人类的生活密切相关。

根据海洋所处的位置，可以将其分为陆间海、内海和边缘海。人们经常将这三个概念混淆，其实它们有着很大的区别。

陆间海顾名思义，就是位于两个大陆之间的海，如地中海、红海就是陆间海。从海洋学上讲，陆间海是指具有海洋的特质，但被陆地环绕，形成一个形似湖泊但具海洋特质的海洋，一般与大洋之间仅以较窄的海峡相连。由于无法与大洋深处的海水相互流通，陆间海的海流产生的原因与一般海流不同，它受海水温度和盐度的影响，而不受风向的影响。陆间海可分为两种类型：内流型和外流型

内海包括自然和政治两个概念，从自然地理上讲，内海是指伸入大陆内部的海。通常这样的海面积不太大，仅有狭窄的水道与大洋或边缘海相通，而且海水较浅，它的水文特征会因为周围大陆气候的变化而受到影响。从政治地理上讲，内海是一个国家内水的一部分，它包括各海港、领海基线以内的海域，以及为陆地所包围但入口较狭的海湾和通向海洋的海峡。内海是一个国家神圣不可侵犯的领土，沿海国有权关闭内海，不让其他国家的船只进入，或规定进入内海必须遵守的规则。我国山东半岛与辽东半岛之间的渤海、雷州半岛与海南岛之间的琼州海峡是中国的内海。渤海既是自然地理上的内海，又是政治地理上的内海；而琼州海峡仅仅是政治地理上的内海。

边缘海又称为陆缘海，位于大陆和大洋的边缘，其一侧以大陆为界，另一侧以半岛、岛屿或岛弧与大洋分隔，但水流交换通畅的海称为"边缘海"。如黄海、东海、南海、白令海、鄂霍次克海、日本海、加利福尼亚湾、北海、阿拉伯海等。按照板块构造学说，边缘海属于弧后盆地，它的轮廓受构造控制。

海洋是矿物资源的聚宝盆，有着丰富的资源。经过 20 世纪 70 年代"国际 10 年海洋勘探阶段"，人类进一步加深了对海洋矿物资源的种类、分布和储量的认识。现代文明中的人类离不开油气，而海洋中恰恰含有丰富的油气资源，例如我国的东海平湖油气田含有丰富的天然气、凝析油和轻质原油。海底还有稀有金属矿源如稀锰结核，另外海洋还是未来的粮仓，要知道海洋生物中的鱼和贝类含有丰富的蛋白质，对人体非常有利。同时海洋还对调节气候起着重大作用，因此海洋是非常重要的，无论是对地球还是对人类。

知 识 窗

1. 若衣服不太脏或洗涤时泡沫过多，则要减少洗衣粉用量。避免洗衣粉使用过量，不仅省钱而且保护环境，可使洗衣机更耐用。

2. 柿饼的表面有一层白色粉末，这粉末是葡萄糖。

3. 铜器生锈或出现黑点，用盐可以擦掉。

拓展思考

1. 世界上盐度最高且最年轻的海是什么海？

2. 世界上盐度最低的海是什么海？

青少年应该知道的宇宙百科知识

地球上人类的诞生

Di Qiu Shang Ren Lei De Dan Sheng

◎关于人类的发源地

印度河流域，两河流域，黄河和长江流域以及尼罗河流域分别是世界四大人类文明发源地。有人类的地方才会有文明，那么人类的发源地究竟在什么地方？社会学家和考古学家众说纷纭，各执己见。下面我们就来介绍几个比较有代表性的观点：

非洲起源说：众所周知的生物学家的达尔文就曾认为人类可能起源于非洲，但当时缺少化石证据。自 1924 年在南非发现了第一个"非洲南猿"的头骨之后，在非洲又陆续发现了一系列类人猿的化石，并且这些化石形成了一个相当完整的体系。这一体系对"人类起源非洲说"提供了依据。1936 年，在德兰士瓦地区又发现了一具成年的南猿化石，之后还在克罗姆特莱伊采石场发现了完整的南猿下颌骨及头骨碎片。这些发现引起了古人类学家和考古学家的高度重视。接下来，在东非地区又发现了不少非常原始的石器，经过利基夫妇 20 多年的探索，终于在这里发现了一具南猿头骨，即"东非人"，证实了这些原始石器的主人就是非洲南猿。从这一系列的化石材料来分析，人类的发源地的确很有可能就在非洲。

亚洲起源说：近年来，考古学家根据所发现的一些资料，分析认为亚洲是人类祖先最早的发源地。其依据是，最近十几年，考古学家在巴基斯坦发现了相当数量的灵长目主要家族成员的化石，尤其是在南亚地区发现的灵长目家族化石，距今已有两三万年的时间。具考古学家分析，这些类人猿祖先主要生活在亚洲地区。2005 年在缅甸中部出土了"甘利亚"化石碎片，具推算，该化石距今已有 3800 万年。"甘利亚"的发现表明了早在 3800 万年前，早期的亚洲类人猿就已经呈现出了现代猴子的特征。1994 年，人们发现了生活在 4500 年前的中国东部沿海地区的中华曙猿足骨化石，这种生物是至今为止世界上最古老也是最小的类人猿化石。这些证据让人类起源于亚洲多了几分道理。

欧洲起源说：另外一部分人则认为人类起源于西欧。因为有人在奥地利发掘出了森林古猿化石，并且认为这种森林古猿就是人类的祖先。同时，在匈牙利和希腊地区都发现有腊玛古猿化石。在欧洲有很多古人类的遗址，其中包括海德堡古猿和在法国出土的林猿化石。而林猿化石是最早发现的古猿化石。虽然有不少的猿人化石发现，不过认可欧洲起源说的人并不多。

从达尔文提出生物进化论，到他的学生逐步完善，人们都逐渐接受了人类由猿进化来的说法。但是对于何处才是人类的发源地，国际学术界说法不一。每种说法都有自己的依据，我们不能做出正确的判断，随着科学技术的不断进步，相信最终有一天，这一问题会得到解决的。

◎我们的祖先怎么而来的

关于我们的祖先是如何而来的，现在还没有确定的结论，但是这里也有很多假说，人们一直在不遗余力的去解决这个问题。

猿类祖先说：生活在200多年前的达尔文，曾发表了《物种起源》一书，书中明确表示"人是由猴子变来的"，随着进化论的日渐普及和完善，"人类的祖先是由猿进化来的"这一观点已经被绝大多数人认可和接受。遗憾的是科学发展到今天，并不能完全解释人类进化的整个过程。换言之，人类的进化问题是一个古老而神秘的问题。

人类从猿进化到人，其中一个非常关键的谜团就是古猿如何突然间直立起来行走的。从攀爬到直立的跨越式进化，在骨骼上会留下明显的标记，这就需要化石材料来进行说明。露西是一具生活在300万年前的女性骨骼，根据对她的骨骼特征推断，其脑骨骼呈现的是猿脑特征，但她却是直立行走的。这很有可能会填补古猿到人的缺失环节。但另一个问题出现了，古猿为什么会从树林转移到了陆地？究竟发生了什么事呢？人们对此有很多猜测，有人认为，随着进化的不断进行，古猿学会了使用工具，在陆地有更丰富的食物可供它们食用；还有人认为，气候的变化给森林带来了毁灭性的灾害，古猿不得不从树上转移到陆地……但这些都没有科学的依据。

鱼类祖先说：地球上有70%以上的海水，对人类的生存和发展有着巨大的影响。海洋是生命的诞生和孕育之地，直到现在为止，人们的许多习惯和器官都明显的保留着其他哺乳动物所没有的海洋印迹。有学者认为，人类是从有鳃的动物进化来的，而鱼是世界上最早出现的动物。19世纪末的时候，科学家把目光集中在了圆鳍类身上。它的鳍里有着独一无二的骨结构，就像是人类四肢的前身一样。随着时间和环境的不断变化，掌鳍鱼开始离开海洋，来到了陆地，为适应陆地上的环境，它们的鳍演化

成了四肢，并开始行走。鱼石螈就是最早长出腿脚的动物。接下来就有了四足兽，直立兽的演变，最终形成了人类。其实，人的头脑是进化过程中保留最好的证据，而人的头脑恰恰保存了鱼类和爬虫类的脑，不但形状相似，其基本功能也是一样的。因此，有人认为鱼是人类的祖先的说法也是很有道理的。

海洋生物进化说：可能很多人都知道婴儿最初在母体中是被羊水包围的，就像生活在大海中一样，这个环境使一些人认为人类是由海洋生物进化来的。而且除此之外，新生的婴儿对水都有一种天生的喜爱，甚至当把一个从没学过游泳的婴儿放进游泳池中的时候，他们会表现出与生俱来的对水的熟悉和适应。这是很奇妙的现象。甚至有人认为游泳是人们的一种原始本能，是我们遗传记忆中的一部分。这些显现似乎昭示了去海洋中探索人类的演变过程是一条可行的道路。但是要想真正回答这一问题，还需要后人不断地去努力，而解开这个谜团估计需要相当长时间的考证。

▶ 知 识 窗

　　1. 如果衣领和袖口较脏，可将衣物先放进溶有洗衣粉的温水中浸泡15～20分钟，再进行正常洗涤，就能洗干净。

　　2. 烹调蔬菜时，加点菱粉类淀粉，使汤变得稠浓，不但可使烹调出的蔬菜美味可口，而且由于淀粉含谷胱甘肽，对维生素有保护作用。

拓展思考

　　1. 世界上唯一没有海岸线的海位于哪里？

　　2. 世界上岛屿最多的海是哪里？

地球上的环境

Di Qiu Shang De Huan Jing

地球是宇宙中唯一一个生命的摇篮，是人类共同的家园，它为人类生存提供了必要的空间和资源，人类在这里一代又一代的繁衍生息，创造出了属于人类自己的文明和奇迹。

地球孕育了人类，人类也在不断地改造地球。人类的发展史，归根结底是人类艰苦奋斗的创业史。在创业过程中，人们利用各种能源赖以生存，同时也给它们带来了不同程度的破坏。俗话说有因必有果，有人预言，人类最终是毁灭在自己创造的文明中。目前地球环境的资源主要有以下几种类别：首先是三大生命要素：空气、水和土壤；其次是多样景观资源：如山势、水流、本土动植物种类、自然与文化历史遗迹等；再次是两类生态系统：陆地生态系统（如森林、草原、荒野、灌丛等）与水生生态系统（如湿地、湖泊、河流、海洋等）；最后是六种自然资源：矿产、森林、淡水、土地、生物物种、化石燃料（石油、煤炭和天然气）。现在"资源短缺"已成为广大群众十分关注的问题。如果现在不加以考虑对策，未来人类就没有出路，总有一天能源会被我们用尽，人类就无法生存。如果宇宙或者说是地球母亲赐给人类的一切，真的被人类给毁掉，那将是多么让人悲哀的一件事。

随着科学技术水平的发展和人民生活水平的提高，环境污染也在增加，特别是在发展中国家。环境污染问题越来越成为世界各个国家的共同课题之一。

环境污染是指人类直接或间接地向环境排放超过其自净能力的物质或能量，从而使环境的质量降低，对人类的生存与发展、生态系统造成不同程度影响。按照按环境要素分：大气污染、土壤污染、水体污染；按人类活动分：工业环境污染、城市环境污染、农业环境污染；按造成环境污染的性质来源分：化学污染、生物污染、物理污染（噪声污染、放射性、电磁波）固体废物污染、能源污染。放射性污染如，超过国家和地方政府制定的排放污染物的标准，超种类、超量、超浓度排放污染物；未采取防止溢流和渗漏措施而装载运输油类或者有毒货物致使货物落水造成水污染；非法向大气中排放有毒有害物质，造成大气污染事

※ 环境污染

故，等等。

据了解，全球环境问题日益严重，主要存在以下具体的环境问题：气候变暖、臭氧层破坏、生物多样性减少、酸雨蔓延、森林锐减、土地荒漠化、大气污染、水体污染、海洋污染、固体废物污染、土地沙漠化、碱化等。针对这些，我们人类应该做出一些补救的措施了。

要做到让人们都了解和配合保护环境，就得让人们在日常生活中认识到哪些行为是可取的，这就要经常对人们做环保知识宣传；在农村还存在着乱施农药的现象，这种现象一定要加以禁止；大家都知道森林覆盖对地球的意义，但是现在森林覆盖率却在不断的减少，所以我们要少用一次性筷子快餐盒，减少资源浪费；要多植树种草，禁止乱扔垃圾；对有些环境污染比较严重的工厂，加以制止，必要时处以罚款，以刺激其环保意识；针对水污染，可以立一块警告牌，时刻提醒人们不得随意扔弃物品，不定期地清理水体，保护水清洁等。针对生态环境的破坏，号召大家在自己家多种植一些花草树木，保护剩下的植被。规定谁污染，谁治理，加大环境保护力度，做好宣传工作，提高人们的环保意识。

地球的环境如何保护，如何对环境污染进行补救，还需要我们从小事做起，人人动起手来，才能创建美好的家园。

▶知 识 窗

1. 经常性牙龈出血、流鼻血，可能与缺乏维生素 C 有关。

2. 烧菜时，又加酒又加醋，菜就变得香喷喷的，这是因为有酯类物质生成。

3. 为了鉴别某白色纺织品的成分是蚕丝还是"人造丝"，通常可以采用火焰上灼烧的方法。

|拓展思考|

1. 藏羚羊是哪里特有的动物？

2. 中东地区哪一个城市是三个宗教的圣地？

青少年应该知道的宇宙百科知识